双一流大学医工结合系列著作

# MySQL数据库技术
## 及其医学应用


主　编　王廷华　熊柳林　朱高红

副主编　张保磊　李应龙　余昌胤

编委名单（按姓氏笔画排序）

王廷华[1,3]　王　芳[3]　王利梅[3]　方长乐[2]　冯娇娇[4]　朱高红[4]　刘　佳[3]
李应龙[3]　李婷婷[1]　李进涛[3]　何　蓉[3]　何　蕊[4]　但齐琴[1]　余昌胤[6]
邹　宇[1]　张兰春[3]　张保磊[3]　郑　红[3]　周洪素[5]　胡译文[3]　敖　俊[6]
袁　浩[6]　索海洋[3]　夏庆杰[1]　曹　雪[3]　程继帅[3]　熊柳林[6]

编者单位（按首字笔画排序）

1.四川大学华西医院
2.西南医科大学
3.昆明医科大学
4.昆明医科大学第一附属医院
5.遵义医科大学
6.遵义医科大学附属医院

项目策划：胡晓燕
责任编辑：胡晓燕
责任校对：王　睿
封面设计：墨创文化
责任印制：王　炜

**图书在版编目（CIP）数据**

MySQL 数据库技术及其医学应用 / 王廷华，熊柳林，朱高红主编. — 成都 : 四川大学出版社，2021.8
ISBN 978-7-5690-4866-7

Ⅰ. ①M… Ⅱ. ①王… ②熊… ③朱… Ⅲ. ① SQL 语言一程序设计 Ⅳ. ① TP311.132.3

中国版本图书馆 CIP 数据核字（2021）第 152367 号

**书名　MySQL 数据库技术及其医学应用**

| | |
|---|---|
| 主　　编 | 王廷华　熊柳林　朱高红 |
| 出　　版 | 四川大学出版社 |
| 地　　址 | 成都市一环路南一段 24 号（610065） |
| 发　　行 | 四川大学出版社 |
| 书　　号 | ISBN 978-7-5690-4866-7 |
| 印前制作 | 成都完美科技有限责任公司 |
| 印　　刷 | 四川盛图彩色印刷有限公司 |
| 成品尺寸 | 170mm×240mm |
| 印　　张 | 10.5 |
| 字　　数 | 191 千字 |
| 版　　次 | 2021 年 8 月第 1 版 |
| 印　　次 | 2021 年 8 月第 1 次印刷 |
| 定　　价 | 86.00 元 |



◆ 读者邮购本书，请与本社发行科联系。
电话：(028)85408408/(028)85401670/
(028)86408023　邮政编码：610065
◆ 本社图书如有印装质量问题，请寄回出版社调换。
◆ 网址：http://press.scu.edu.cn

四川大学出版社
微信公众号

# 前　言

本书阐述了基于MySQL数据库技术和功能实现临床病例数据库建设的方法及其医学应用。当今社会，信息化、大数据等词汇已充斥人们生产生活的方方面面，正在以独特的方式给我们的生活乃至生命带来翻天覆地的变化。在此大背景下，医院信息化水平逐步提升，如电子病历的普及、自助挂号等，甚至有些平台推出线上就医，这些信息记录下来就形成了临床医学的各种大数据，甚至包括各种组学数据及临床、环境行为数据等。传统的手工方式处理数据已经远远不能满足海量、复杂的医学数据的存储和处理需要，这就造成了医学大数据资源不能得到合理利用，进而制约临床医学的发展和研究。医学病历大数据库建设已成为医学大数据分析的基础。

MySQL凭借其稳定、可靠、高速、开源、免费等特点成为世界上最受欢迎的关系型数据库之一。基于医院病历的庞大关系，本书介绍了MySQL数据库的医院临床病历数据库建设。内容包括数据库的基本理论知识、基本操作实践以及常用SQL语句等。全书内容简洁、条理清晰，并且注重实战演练，旨在通过实际操作与分析引领读者快速学习和掌握MySQL数据库建设和使用。本书最后两章通过实例演示将前面讲到的操作一一展现，系统、扼要地向读者展示了临床病历数据库的建设和操作技术。

本书内容：第1章是MySQL数据库基础知识，包括MySQL数据库简介，MySQL数据库下载、安装、配置，MySQL数据库常用数据类型，MySQL数据库设计，MySQL数据库操作管理界面的进入和退出，MySQL数据库的创建、查看选择和删除，MySQL数据库数据表的创建、修改和删除，MySQL数据库各种查询方法及查询结果的导出，MySQL数据库的备份与恢复。第2章是MySQL workbench的使用，包括数据库创建、修改、删除和设置默认，数据表的创建、修改、删除、编辑、查询和导出，数据库的备份和恢复。第3章是临床病历MySQL数据库建设前思路详解，主要包括临床病历版块剖析、各版块之间的关系剖析和 E-R 图绘制、数据库创建前的各数据表命名规范与结构设计。第 4 章是临床病历数据库建设实例，包括数据库创建、数据表创建、数据导入前期基础、数据导入实际操作和相关命令，并给出 4 个临床病历数据库查询实例及相应的代码和解析。

全书涵盖 MySQL 数据库各种重要基础知识和主要 SQL 操作语句，可以帮助读者快速掌握 MySQL 数据库建设的主要技能。此外，在每个 SQL 语句示例中都有对应的 SQL 语句和运行结果图片，使读者在学习过程中能够直观地看到操作过程和结果，进而对内容更加快速地理解和掌握。可供医学、信息学和生物学等相关专业研究生、本科生及从事医学数据库建设和研究的相关人员使用。

由于编写时间有限，书中不足之处在所难免，请读者不吝赐教，以便后续进一步完善和改进。

编　者

2021 年 4 月

# 目　录

**第1章　MySQL数据库基础知识**……………………………………… 1
1.1　了解数据库 ……………………………………………………… 1
1.1.1　数据库简介 ……………………………………………… 1
1.1.2　关系型数据库简介 ……………………………………… 1
1.1.3　MySQL数据库简介……………………………………… 3
1.2　MySQL数据库下载与安装………………………………………… 4
1.2.1　MySQL数据库下载……………………………………… 4
1.2.2　MySQL数据库安装与配置……………………………… 7
1.3　MySQL数据库常用数据类型 ……………………………………… 18
1.3.1　数值类型 ……………………………………………… 18
1.3.2　时间和日期类型 ……………………………………… 19
1.3.3　字符串类型 …………………………………………… 21
1.4　MySQL数据库设计 ……………………………………………… 22
1.4.1　需求分析 ……………………………………………… 22
1.4.2　概况结构设计 ………………………………………… 24
1.4.3　数据表结构设计 ……………………………………… 25
1.5　进入MySQL本地服务器的操作管理界面与退出管理界面 ………… 28
1.6　MySQL数据库创建、查看选择和删除 …………………………… 30
1.6.1　MySQL数据库创建 …………………………………… 30
1.6.2　MySQL数据库查看选择 ……………………………… 32
1.6.3　MySQL数据库删除 …………………………………… 33
1.7　MySQL数据库数据表创建 ……………………………………… 35
1.8　MySQL数据库数据表的修改 …………………………………… 38
1.8.1　MySQL数据库数据表名称修改 ……………………… 38

1.8.2 MySQL 数据库数据表字段数据类型修改 …… 39
1.8.3 MySQL 数据库数据表表头名称（字段名）修改 …… 40
1.8.4 MySQL 数据库数据表添加表头（字段） …… 41
1.8.5 MySQL 数据库数据表删除表头（字段） …… 44
1.8.6 MySQL 数据库数据表删除外键约束 …… 44
1.9 MySQL 数据库数据表删除 …… 46
1.9.1 删除没有被关联的数据表 …… 47
1.9.2 删除存在关联的数据表主表 …… 48
1.10 MySQL 数据库数据的增、删、改 …… 50
1.10.1 MySQL 数据库数据的增（插入数据） …… 50
1.10.2 MySQL 数据库数据的删（删除数据） …… 53
1.10.3 MySQL 数据库数据的改（修改数据） …… 55
1.11 MySQL 数据库数据的查（查询数据） …… 58
1.11.1 MySQL 数据库的简单查询 …… 58
1.11.2 MySQL 查询时设置别名的 AS 的用法 …… 60
1.11.3 MySQL 数据库的条件查询 …… 62
1.11.4 MySQL 数据库的连接查询 …… 70
1.11.5 MySQL 数据库的分组查询 …… 73
1.11.6 MySQL 数据库的子查询 …… 76
1.12 MySQL 数据库正则表达式 …… 79
1.13 MySQL 数据库数据表的导出和导入 …… 82
1.14 MySQL 数据库的备份和恢复 …… 84
1.14.1 MySQL 数据库的备份 …… 84
1.14.2 MySQL 数据库的恢复 …… 90

**第 2 章 MySQL workbench 的使用** …… 93
2.1 MySQL workbench 数据库的基本操作 …… 94
2.1.1 MySQL workbench 数据库创建 …… 94
2.1.2 MySQL workbench 数据库修改、设置默认、删除 …… 96
2.2 MySQL workbench 数据表的基本操作 …… 98
2.2.1 MySQL workbench 数据表创建 …… 98
2.2.2 MySQL workbench 数据表修改、删除 …… 100

2.2.3 MySQL workbench 数据表数据的编辑、查询和导出 …………… 102
2.3 MySQL workbench 数据库的备份和恢复 ……………………………… 104
2.3.1 MySQL workbench 数据库的备份 …………………………………… 104
2.3.2 MySQL workbench 数据库的恢复 …………………………………… 106

**第 3 章 临床病历 MySQL 数据库建设前思路详解 ……………………… 108**
3.1 临床病历版块剖析 ……………………………………………………… 108
3.2 临床病历各版块之间的关系剖析和 E-R 图绘制 ………………………… 112
3.3 数据库创建前的各数据表命名规范与结构设计 ………………………… 113

**第 4 章 临床病历数据库建设实例 ………………………………………… 118**
4.1 临床病历数据库和数据表的创建 ………………………………………… 118
4.2 临床病历数据库病历数据的导入 ………………………………………… 125
4.2.1 插入数据前的数据格式化 ……………………………………………… 126
4.2.2 使用 Python 连接数据库 ……………………………………………… 127
4.2.3 自动生成插入数据 SQL ……………………………………………… 128
4.2.4 插入数据前统一数据类型 ……………………………………………… 128
4.2.5 执行插入数据命令插入数据 …………………………………………… 130
4.3 临床病历数据库查询举例 ………………………………………………… 134
4.3.1 查询实例一 ……………………………………………………………… 134
4.3.2 查询实例二 ……………………………………………………………… 136
4.3.3 查询实例三 ……………………………………………………………… 138
4.3.4 查询实例四 ……………………………………………………………… 144
4.4 临床病历数据库备份与恢复示例 ………………………………………… 149
4.4.1 临床病历数据库备份 …………………………………………………… 149
4.4.2 临床病历数据库恢复 …………………………………………………… 151

**附录 MySQL 关键字 ……………………………………………………… 154**

**参考文献 ……………………………………………………………………… 157**

# 第 1 章　MySQL 数据库基础知识

## 1.1　了解数据库

### 1.1.1　数据库简介

数据库（Database，DB）指长期存储在计算机内、有组织、可共享的数据集合。通俗来讲，数据库就是存储数据的地方，就像冰箱是存储食物的地方一样。在生活中，每个人都在使用数据库。当我们在电话簿里查找名字时，是在使用数据库；当我们在某个浏览器上进行搜索时，是在使用数据库；登录网络，需要依靠数据库验证账户和密码；使用 ATM 机时，要利用数据库进行 PIN 码验证和余额检查。总结之数据库实际上就是一个文件集合，是一个存储数据的仓库，其本质是一个文件系统。数据库是按照特定的格式把数据存储起来，让用户可以对存储的数据进行增、删、改、查等操作。理解数据库最简单、直接的方式就是，将数据库当作一种电子版的文件柜，里面放着一份文件或一组文件，不同的文件中包含不同的数据，当需要时就可进去查找。

需指出的是，人们通常用“数据库”这个词来描述使用的数据库软件，其实这是错误的，确切来说，人们使用的数据库软件应该称为数据库管理系统（Database Management System，DBMS），它是数据库系统的核心软件之一，是位于用户与操作系统之间的数据管理软件，作用是建立、使用和维护数据库。它的主要功能包括数据储存、数据定义、数据操作、数据库的运行管理、数据库的建立和维护，以及数据的增加、删除、修改更新等几个方面。因此，日常生活中人们常说的××数据库，其实质是××数据库管理系统。

早期比较流行的数据库模型有三种，分别为层次式数据库、网络式数据库和关系型数据库。目前，最常用的数据库模型是关系型数据库和非关系型数据库两种。

### 1.1.2　关系型数据库简介

关系型数据库是把复杂的数据结构归结为简单的二元关系（即二维表格形式）。通俗来讲，关系型数据库是由一个或多个包含表头、多行、多列和序号的表格组合起来的数据库。在学习关系型数据库之前需要学习关系型数据库中的一些常用术语（表 1-1），以便为之后学习数据库建设打下基础。

**表 1-1　关系型数据库常用术语**

| 常用术语 | 术语解释 |
|---|---|
| 数据表 | 存放数据的表格，看起来像简单的 Excel 表格（如此表） |
| 表头 * | 每个数据表的第一行，如同简单的 Excel 表格的表头（如此表表头） |
| 行 | 每个数据表中的一行，是一组相关数据（如此表中的行） |
| 列 * | 每个数据表中的一列，是相同类型的数据（如此表中的列） |
| 主键 * | 每个数据表中单条记录的唯一标识（每个表中的单条记录只有一个主键） |
| 外键 * | 每个数据表中连接其他数据表的列，引用的是前一个表的主键（每个数据表可以有 0 个或多个外键） |

讲到数据表，需要注意的是关系型数据库中的数据表是某种特定类型数据的结构化清单，即每个表格都有其特定的类型，不能将不同类型的数据存储在同一个数据表中，这样容易导致数据库的数据检索和访问困难。数据库中的每个数据表都有一个名字，并且同一个数据库中数据表的名字是唯一、不能重复的，不同数据库才可使用相同数据表名称。

数据表由横向的行和纵向的列组成：数据库中数据表的行被称为记录，每一行代表着一条记录；列被称为字段，每一列表示一个记录中的属性，有其特定的数据类型。一个数据表中的第一行为数据表的表头，每一列都有一个固定的表头，且同一个数据表的表头名称是唯一、不能重复的，不同的数据表才可使用相同的表头名称。

数据表中的每一行都只有一个标识，这个标识的列被称为数据表的主键，主键列中不允许存在重复的值和空值。如果使用数据表的“姓名”一列作为主键列的话，则不允许出现重复的姓名，否则系统会报错，因此“姓名”并不适合用来作为主键。可以定义数据表中的一列或者多列为主键。通常情况下，使用每个数据表的第一列作为此数据表的主键。主键列通常使用的是自增的整数类型，这样可以保证不会有重复值或空值的存在。在定义主键时，建议养成三个好习惯：其一，不更新、修改主键列中的值；其二，不重复主键列中的值；其三，不在主键列中使用可能会修改的值。

多数数据表中都存在外键。所谓外键列，指的是每个数据表中连接其他数据表的列，引用的是前一个表的主键，其定义了两个数据表之间的关系。每个数据表可以有 0 个或多个外键，有 0 个外键的表格通常为关系型数据库中的第一个表格，而有多个外键的表格则是与多个数据表都有连接关系的表格。使用外键进行数据表连接的好处是在前一个表格的数据发生改变时，只要外键值不变，相关联表格中的数据不会发生变动，这样保证了数据存储的有效性和数据处理的方便性。

本章以建立一个学生成绩信息数据库为例来讲解相关知识和基础操作。关系型数据库中的表格如图 1-1 所示，图中包含两个数据表，每个数据表都必定包含主键、表头。其中，图 1-1（a）为学生成绩表，表中 id 一列为此数据表的主键，student_id为此数据表的外键，用来连接此数据表与学生信息表［图 1-1（b）］。具体来讲，图 1-1（a）学生成绩表中的student_id外键指的是图 1-1（b）学生信息表中的 id 主键，可以通过图 1-1（a）的外键连接到图 1-1（b）。

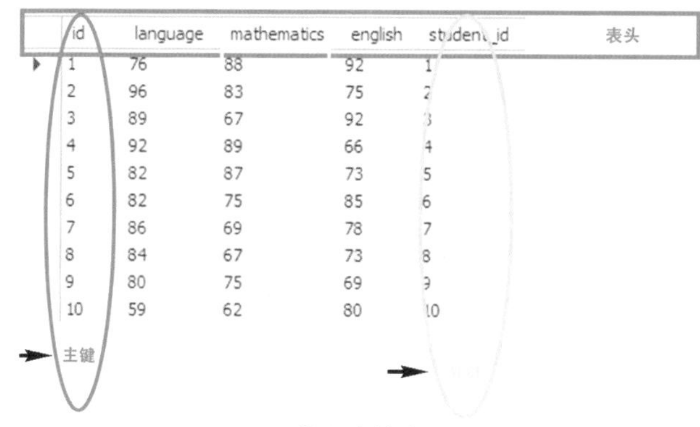

| id | language | mathematics | english | student_id |
|---|---|---|---|---|
| 1 | 76 | 88 | 92 | 1 |
| 2 | 96 | 83 | 75 | 2 |
| 3 | 89 | 67 | 92 | 3 |
| 4 | 92 | 89 | 66 | 4 |
| 5 | 82 | 87 | 73 | 5 |
| 6 | 82 | 75 | 85 | 6 |
| 7 | 86 | 69 | 78 | 7 |
| 8 | 84 | 67 | 73 | 8 |
| 9 | 80 | 75 | 69 | 9 |
| 10 | 59 | 62 | 80 | 10 |



（a）学生成绩表

| id | student_number | name | gender |
|---|---|---|---|
| 1 | 1114 | 王一 | 男 |
| 2 | 1426 | 张二 | 男 |
| 3 | 1032 | 索三 | 男 |
| 4 | 1029 | 李四 | 男 |
| 5 | 1051 | 刘五 | 女 |
| 6 | 1068 | 魏六 | 女 |
| 7 | 1075 | 陈七 | 男 |
| 8 | 1083 | 云八 | 女 |
| 9 | 1097 | 洪九 | 男 |
| 10 | 1100 | 姚十 | 男 |

（b）学生信息表

**图 1-1　关系型数据库中的表格**

### 1.1.3　MySQL 数据库简介

MySQL 数据库就是前文中提到的一种小型的数据库管理系统，与其他大型的数据库管理系统（如 Oracle、SQL Severerver 等）相比，其凭借体积小、开源、免费、高速、可靠性高、适应性广等特点受到广大用户的信赖。MySQL 数据库由瑞典 MySQLAB 公司开发，目前属于 Oracle 旗下产品。MySQL 数据库几乎是当下最流行的关系型数据库管理系统，在 WEB 应用方面，MySQL 数据库是最好的关系型数据库管理系统（Relational Database Management System，RD-BMS）应用软件之一。MySQL 数据库支持存储上千万条数据，并且将数据分类存储于多个单独的表格中，增加了数据的存储速度和灵活性以及数据存储的安全性。并且，其直接使用 SQL 语句，即访问数据库使用的标准化语言，以方便数据库的各种使用；其开源、免费、可扩展，支持单击运行或组合运行；其支持多种编程语言接口，如 C、C++、Python、Java、Perl、PHP 等，因此成为广大程序工作者首选的数据库管理系统。

MySQL 数据库是一种基于客户机-服务器的数据库。客户机-服务器应用分为两个不同的部分，服务器部分是负责所有数据访问和处理的一个软件，运行在称为数据库服务器的计算机上。当然，通常我们建设的 MySQL 数据库都会存在本地服务器一说，也就是将客户机与服务器安装在同一台计算机上。

针对不同的用户，MySQL 数据库分别提供了两种不同的版本：

（1）MySQL Community Server Edition（社区服务器版本）：该版本完全免费，MySQL 官方并不提供任何技术服务和支持。

（2）MySQL Enterprise Server Edition（企业服务器版本）：该版本需要付费，由 MySQL 官方提供完整的企业数据库建设与维护的技术服务与支持。

在 MySQL 数据库的开发过程中，同时存在多个发布系列，每个发布系列的稳定版本所在的阶段不同。MySQL 8.0 是最新开发的稳定发布系列，MySQL 5.7 是上一代的稳定发布系列。推荐读者下载安装使用最新开发的稳定发布系列，因为相对于上一代稳定发布系列，其增加了一系列新的功能。

MySQL 数据库的官方网站为 http://www.mysql.com/，该网站提供了针对不同操作系统平台的包括 MySQL 数据库各种版本的下载、MySQL 数据库各种版本工作台的下载、MySQL 数据库的教程手册、相应产品下载等大量关于 MySQL 数据库系统的服务。本书的各种 MySQL 数据库的使用操作都是基于 Windows 平台进行的，因此接下来主要介绍 Windows 平台的 MySQL 数据库下载与安装。

## 1.2 MySQL 数据库下载与安装

### 1.2.1 MySQL 数据库下载

首先打开 Windows 系统浏览器，推荐使用 Chrome 浏览器或 Microsoft Edge 浏览器，在浏览器地址栏输入 http://www.mysql.com/，进入 MySQL 数据库官网主页，并点击下载选项（DOWNLOADS）进入下载页面（图 1-2）。在下载页面点击 MySQL Community（GPL）Downloads 选项进入 MySQL 社区版下载页面

(图 1-3)，次下载页面提供了 MySQL 不同的存储库下载、MySQL 各种服务的下载、MySQL 提供的各种编程语言接口的下载等，点击 MySQL Installer for Windows 进入 MySQL Windows 版集成安装包下载页面（图 1-4)。在这里，安装程序提供了两个版本，分别为 mysql-installer-web-community-8. 0. 23. 0. msi 和 mysql-installer-community-8. 0. 23. 0. msi。其中，第一个为在线安装版本，第二个为离线安装版本。这里选择第二个即 mysql-installer-community-8. 0. 23. 0. msi 离线安装版本，点击后面的 Download（图 1-5)，在跳出页面点击 No thanks, just start my download. 选项下载安装包（图 1-6)。

图 1-2　MySQL 数据库下载操作 1

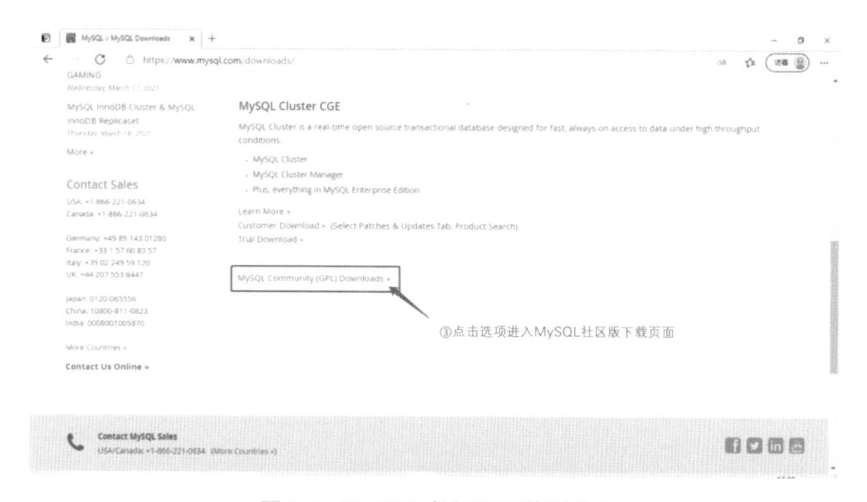


图 1-3　MySQL 数据库下载操作 2

图 1-4　MySQL 数据库下载操作 3

图 1-5　MySQL 数据库下载操作 4

图 1-6　MySQL 数据库下载操作 5

### 1.2.2　MySQL 数据库安装与配置

MySQL 数据库下载完成后，找到下载文件，右键点击安装包选择安装，打开安装执行程序。本书使用的 MySQL 5.7 发布系列安装包（图 1-7），与 MySQL 8.0 发布系列安装包的安装过程一致，具体的操作步骤如下：

步骤 1：右键点击刚刚下载好的安装包（图 1-7），选择安装，打开安装执行程序，开始安装 MySQL 数据库。

mysql-installer-community-5.7.28.0.msi　2020/9/14 9:51　Windows Install...　504,828 KB

**图 1-7　MySQL 数据库安装包文件**

步骤 2：打开【Choosing a Setup Type】［选择安装类型］界面，其中列出了 5 种安装类型，分别是【Developer Default】［默认安装类型］、【Server only】［仅安装服务器］、【Client only】［仅安装客户端］、【Full】［全部安装］和【Custom】［自定义安装］。我们选择【Developer Default】［默认安装类型］，并点击【Next >】进入下一步（图 1-8）。

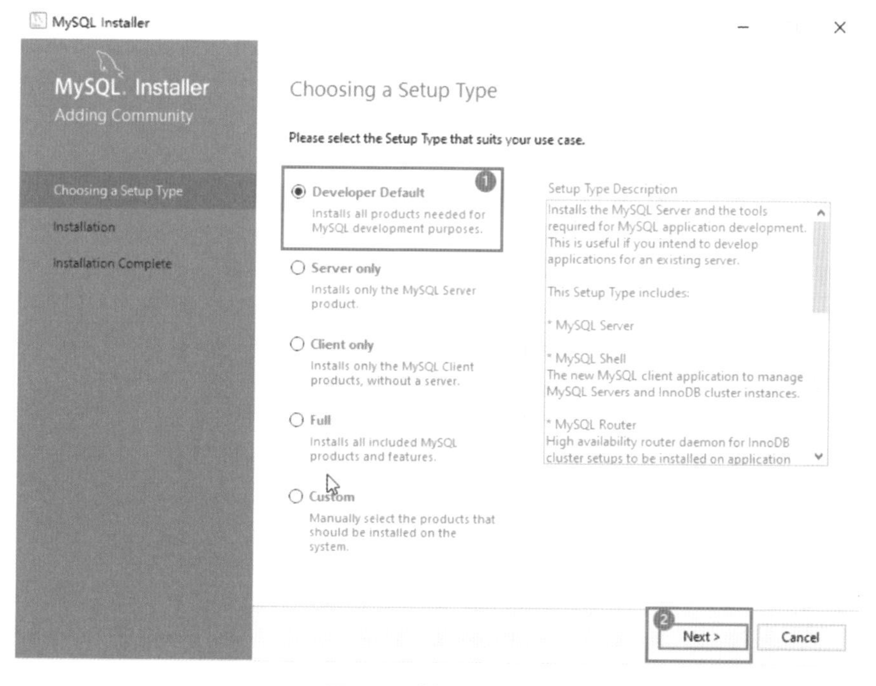


**图 1-8　选择安装类型**

步骤 3：打开【Check Requirements】［检查安装环境］界面，在此页面直接点击【Execute】执行安装环境的检查程序（图 1-9）。

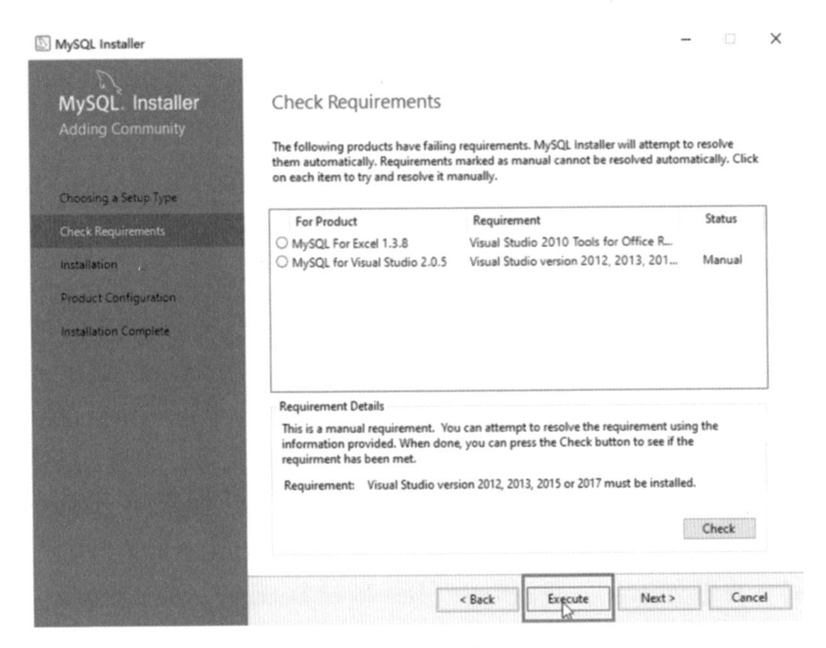


**图 1-9 检查安装环境**

步骤 4：等待需要安装的环境下载，完成后会自动弹出安装窗口，勾选“I have read and accept the license terms.”后点击【Install】开始安装（图 1-10）。

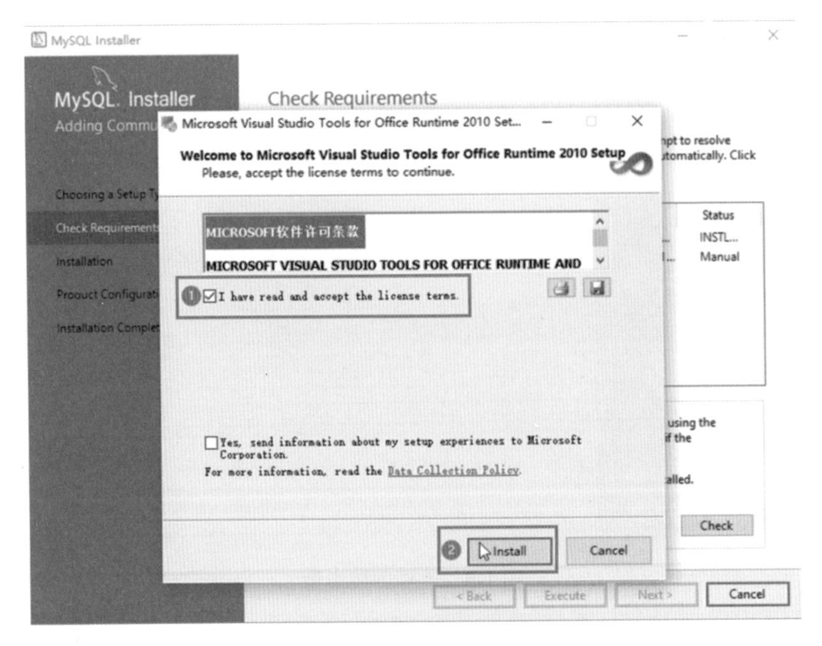


**图 1-10 安装所需环境 1**

步骤 5：等待安装完成后点击【Finish】关闭环境安装窗口（图 1-11）。

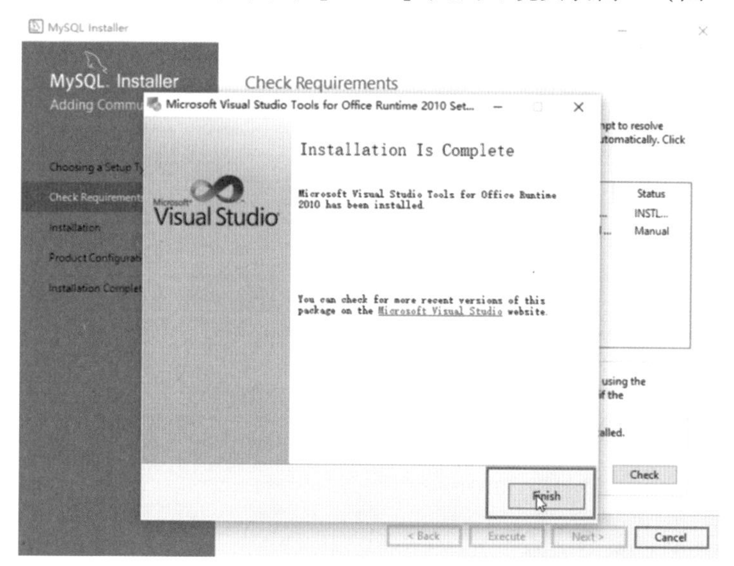


图 1-11　安装所需环境 2

步骤 6：环境安装完成后点击选择安装类型界面的【Next >】按钮，在跳出的窗口选择【Yes】进入下一步（图 1-12）。

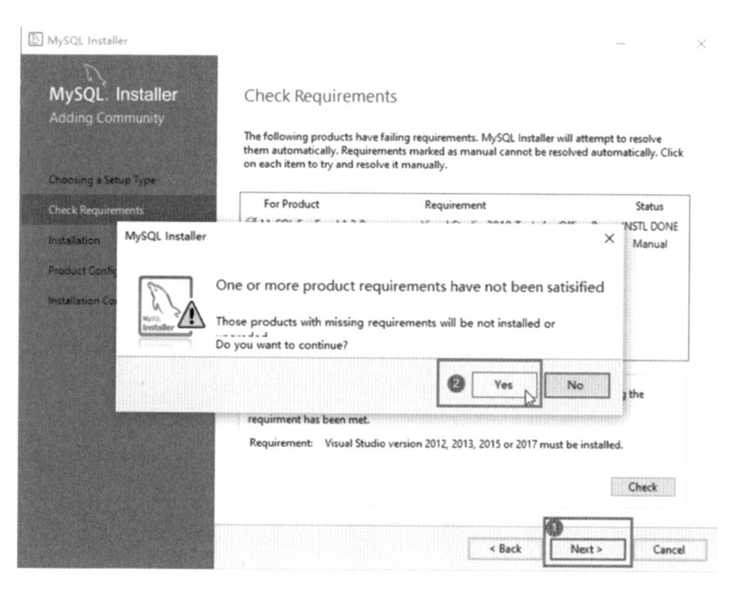


图 1-12　安装所需环境 3

步骤 7：进入【Installation】［产品安装］界面，在此页面直接点击【Execute】执行安装。此安装过程耗时较长，需耐心等待到安装完成（图 1-13）。

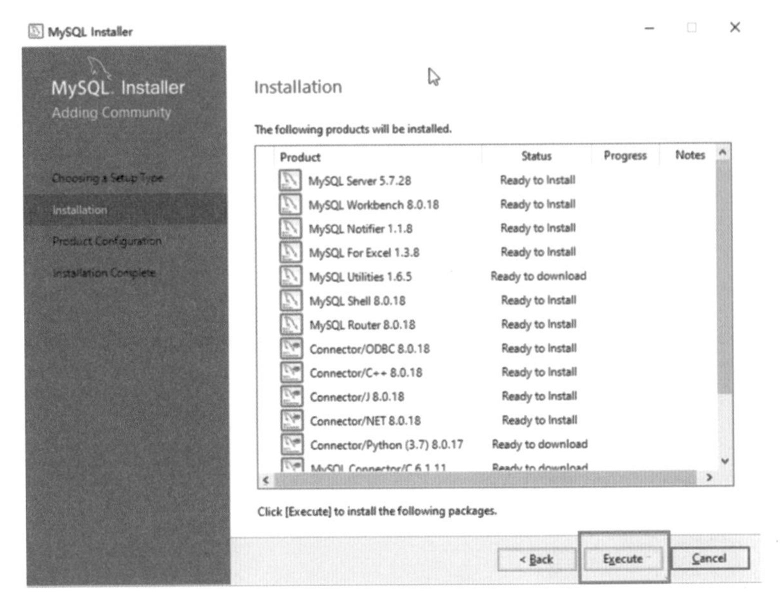


**图 1-13　产品安装 1**

步骤 8：等待 MySQL 文件安装，每安装完成一个文件会在此文件的【Status】［状态］一栏下显示 Complete［安装完成］，等待所有文件安装完成后点击页面中的【Next >】进入下一步（图 1-14）。

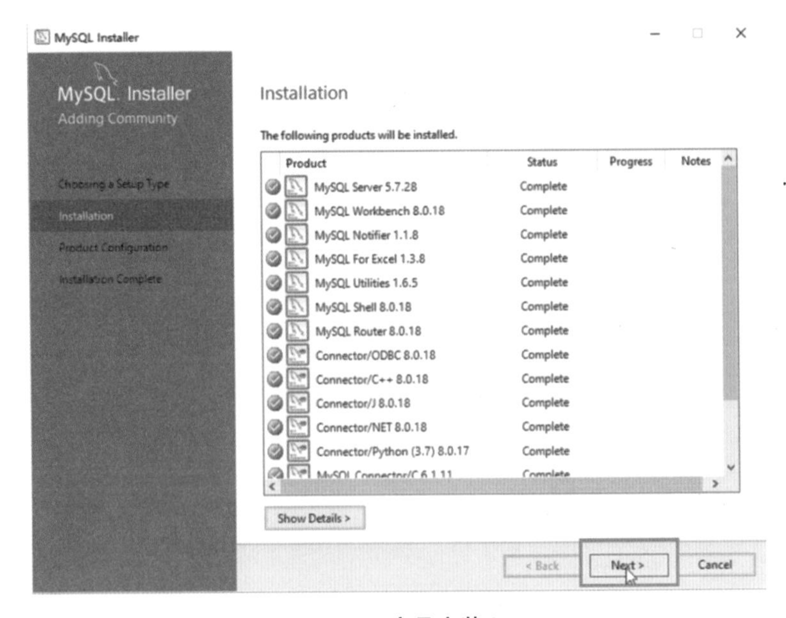


**图 1-14　产品安装 2**

步骤 9：进入【Product Configuration】［产品配置］界面，可以观察到 MySQL 的三个产品的【Status】均为 Ready to configure［配置准备就绪］，此时直接点击此页面中的【Next >】进入下一步（图 1-15）。

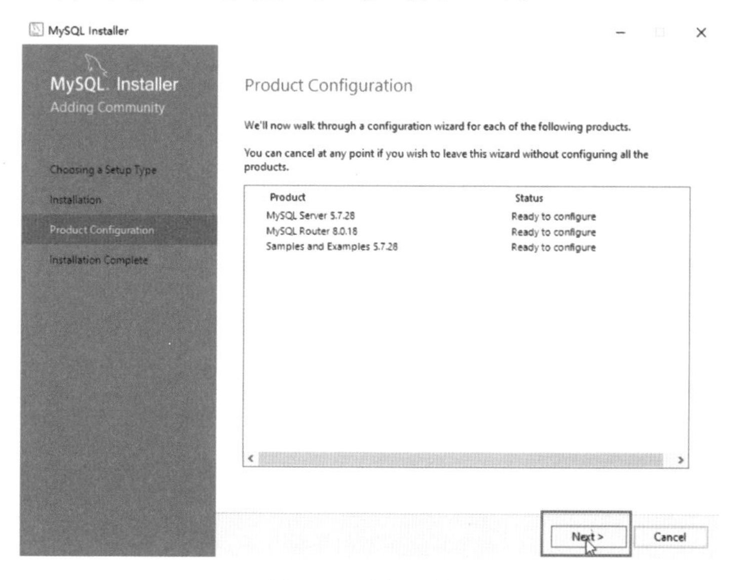


**图 1-15　产品配置 1**

步骤 10：进入服务器配置选择界面，选择【Standalone MySQL Server/Classic MySQL Replication】选项后点击【Next >】进入下一步（图 1-16）。

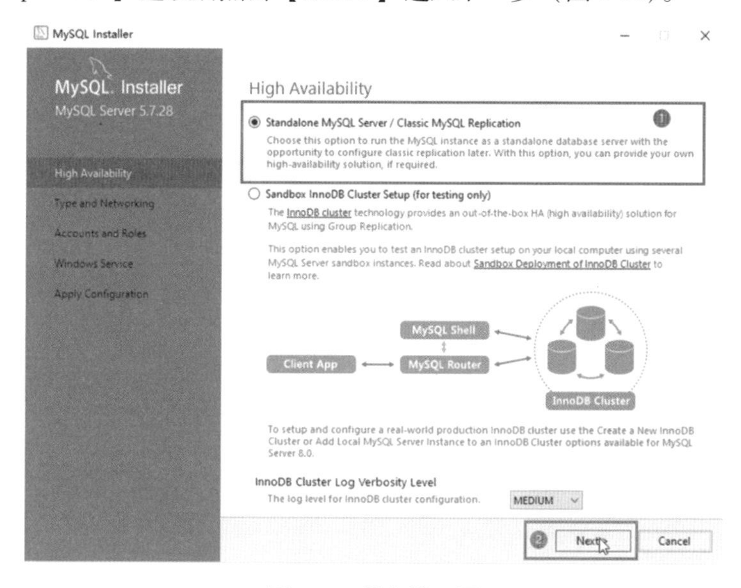


**图 1-16　服务器配置**

步骤 11：进入【Type and Networking】［类型和联网配置］界面，不修改此页面信息，采用默认设置，直接点击【Next >】进入下一步（图 1-17）。

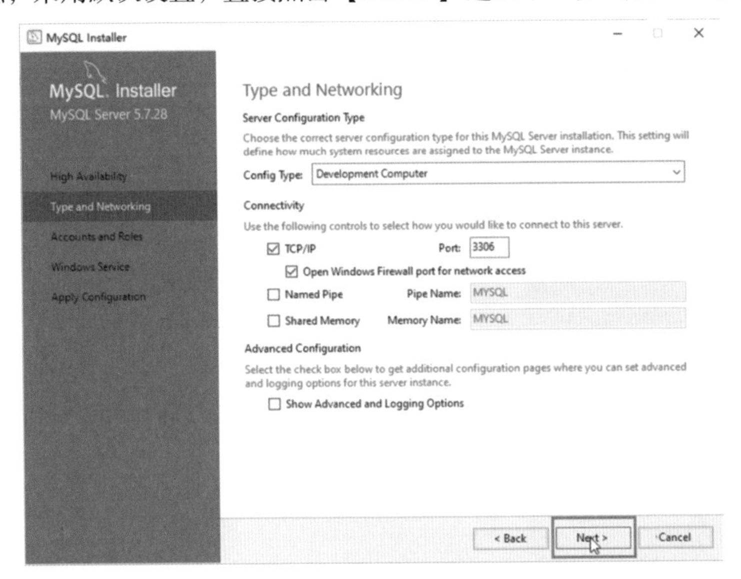


**图 1-17　类型和联网配置**

步骤 12：进入【Accounts and Roles】［账户和角色］界面，创建本地账户和角色，在输入框中输入两次同样的自己想要设定的登录密码并牢记，点击【Next >】进入下一步（图 1-18）。

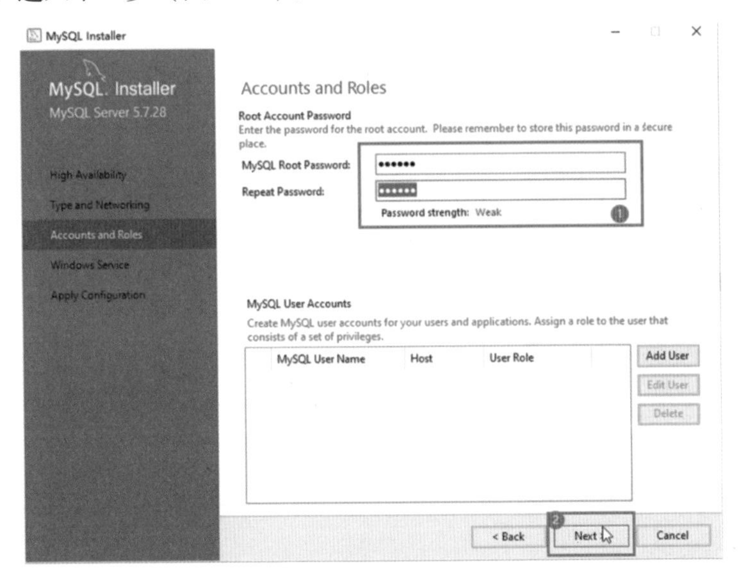


**图 1-18　创建本地账户和角色**

步骤 13：进入【Windows Service】［Windows 服务］界面，不修改此页信息，使用默认设置，直接点击页面中的【Next >】进入下一步（图 1-19）。

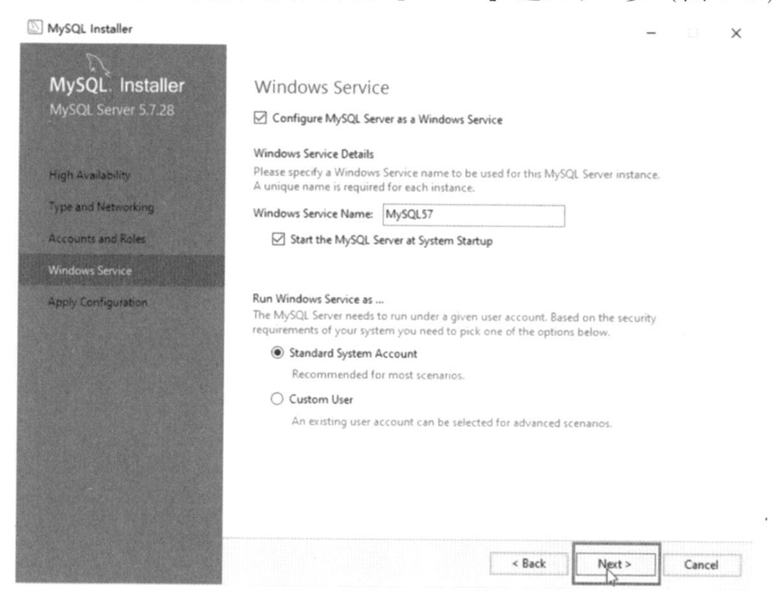


**图 1-19　Windows 服务配置**

步骤 14：进入【Apply Configuration】［应用配置］界面，直接点击页面中的【Execute】应用配置程序（图 1-20）。

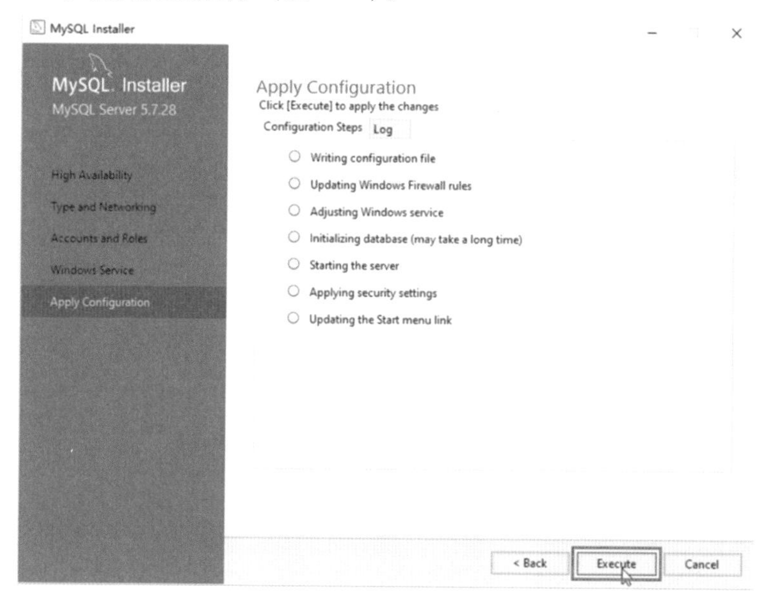


**图 1-20　应用配置 1**

步骤 15：每条应用配置完成后应用配置名称前都会出现绿色的√，等待所有的应用配置执行完成后，点击【Finish】即可完成 MySQL Windows 服务器的搭建（图 1-21）。接下来会回到产品配置界面。

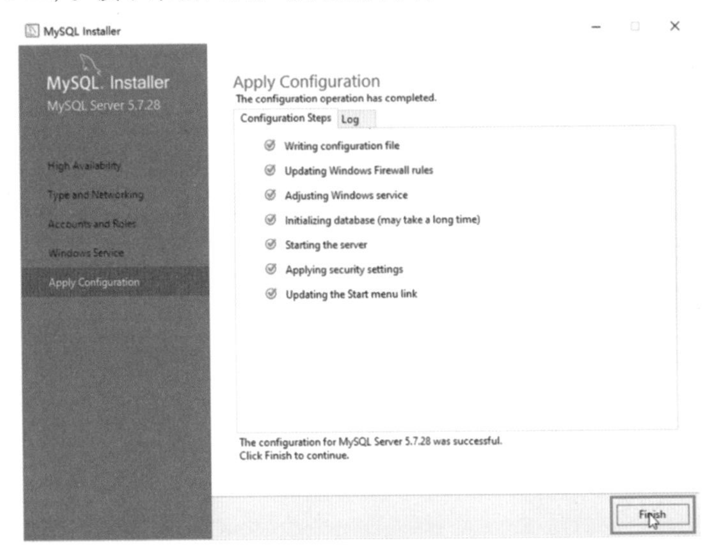


图 1-21　应用配置 2

步骤 16：在产品配置界面 MySQL Server 的【Status】栏下可以看到显示 Configuration complete.［配置完成］，此时直接点击【Next >】进入下一条产品配置（图 1-22）。

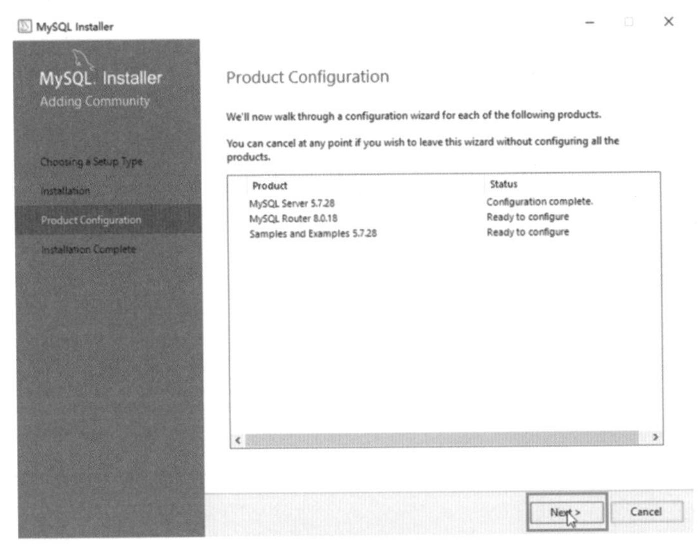


图 1-22　产品配置 2

步骤 17：进入【MySQL Router Configuration】［MySQL 路由器配置］界面，此时由于此项配置并不需要手动操作，因此点击【Finish】回到产品配置界面（图 1-23）。

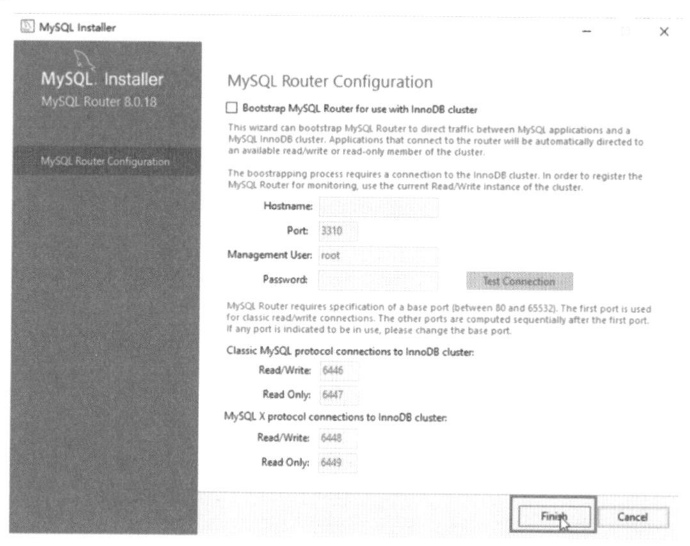


**图 1-23　MySQL 路由器配置**

步骤 18：在产品配置界面 MySQL Server 的【Status】栏下可以看到显示 Configuration complete.［配置完成］，MySQL Router Configuration 的【Status】栏下可以看到显示 Configuration not needed.［无需配置］。此时点击【Next >】进入下一条产品配置（图 1-24）。

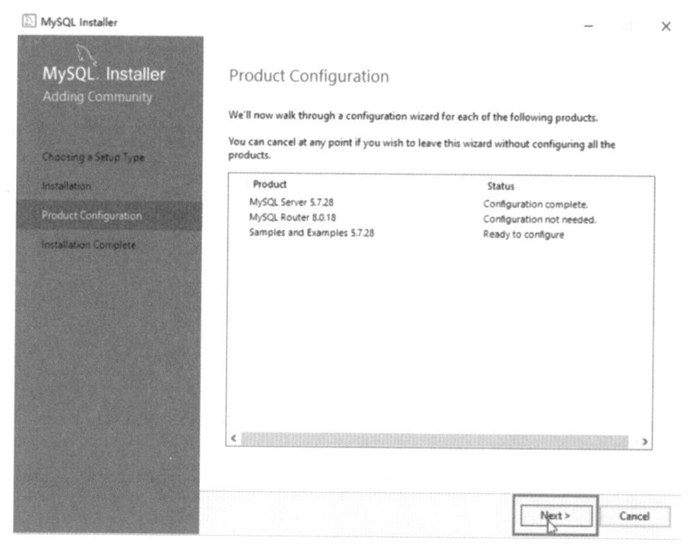


**图 1-24　产品配置 3**

步骤 19：进入【Connect To Sever】［连接到服务器］界面，在检查服务连接界面输入刚刚设置的 root 用户的密码后点击【Check】［检查］检查连接情况，等待检查完成后【Status】一栏显示绿色的 Connection succeeded.［连接成功］，并且在【Check】后会出现一个绿色的√，此时点击【Next >】进入下一步（图 1-25）。

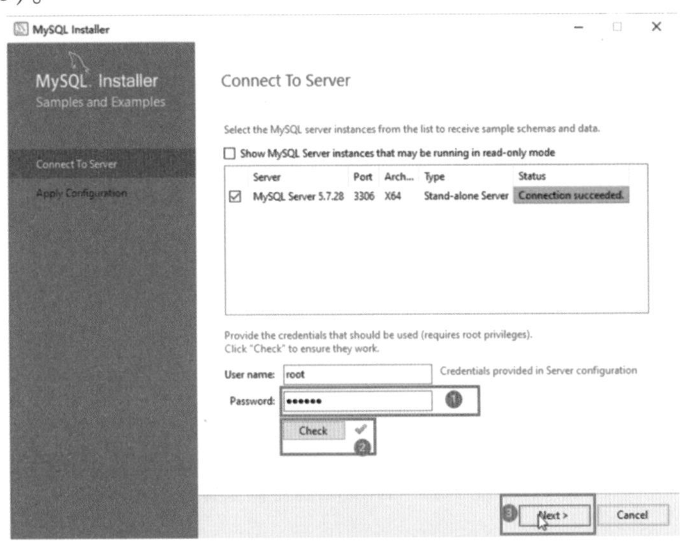


图 1-25 连接到服务器

步骤 20：进入【Apply Configuration】［应用配置］界面，在此页面直接点击【Execute】执行配置（图 1-26）。

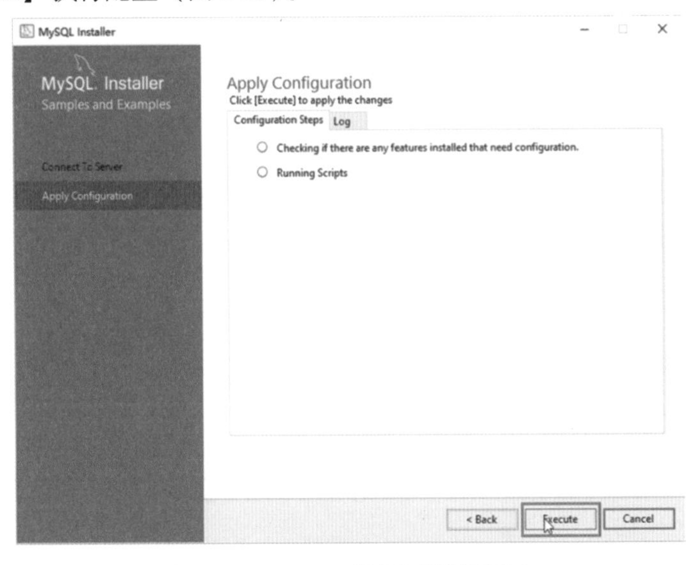


图 1-26 MySQL 样本和例子配置 1

步骤 21：等待执行完成后在每一条配置前都会出现绿色的√，此时点击页面中的【Finish】完成配置（图 1-27）。

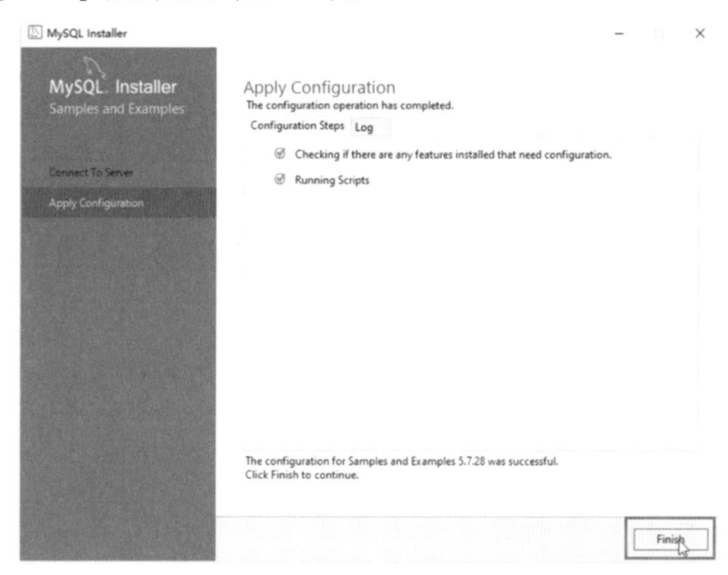


图 1-27　MySQL 样本和例子配置 2

步骤 22：回到产品配置界面，可以看到 Samples and Examples 5. 7. 28 的【Status】［状态］也显示为 Configuration complete.［配置完成］，点击【Next >】进入下一步（图 1-28）。

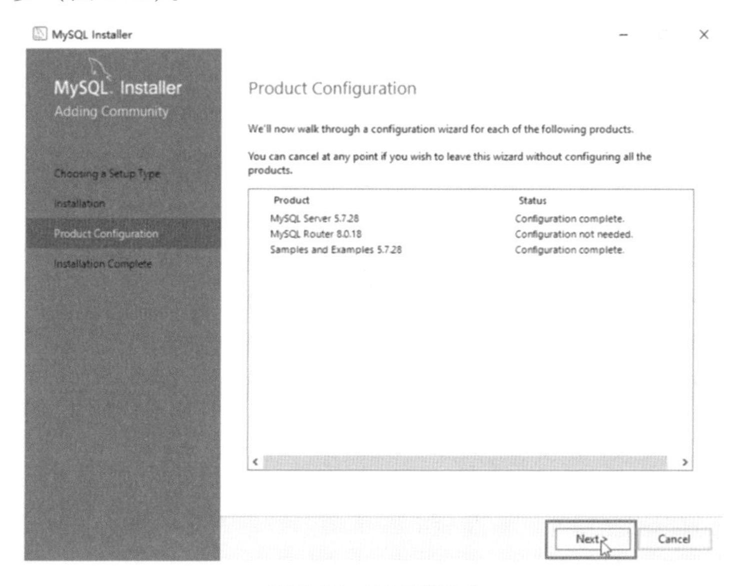


图 1-28　产品配置 4

步骤 23：进入【Installation Complete】［安装完成］界面，取消勾选安装完成后的两项启动后，点击【Finish】即可完成 MySQL 数据库的所有安装和配置（图 1-29）。

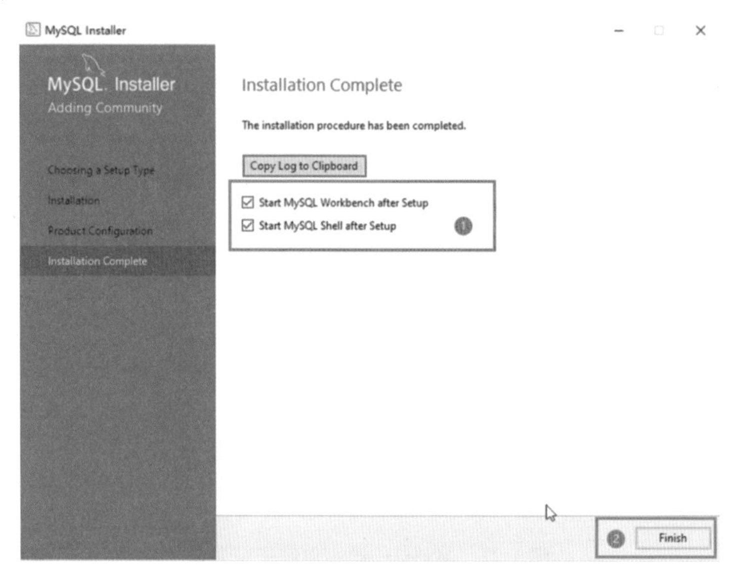


**图 1-29　完成 MySQL 数据库安装和配置**

## 1.3　MySQL 数据库常用数据类型

提到数据库，必须要知道的就是数据类型（data_type）。数据库的数据类型指的是数据库系统中所允许存在的数据的类型。数据库的数据表的每一列都应该有其确切的并且适当的数据类型，这个数据类型是用来限制这一列中允许存储的数据的。一旦确定了一列的数据类型，则这一列中只允许存储这一种类型的数据。确定数据类型是数据库建设之前的数据库设计中非常重要的一个步骤，一旦错误使用数据类型，则可能造成非常严重的数据库性能降低甚至数据库崩溃情况的发生。

MySQL 数据库支持很多数据类型，大致可以分为数值类型、时间和日期类型、字符串类型和二进制类型，其中最常用到的是前三种类型。前三种类型又可做多种不同的小的分类。

### 1.3.1　数值类型

MySQL 数据库支持所有标准 SQL 数值数据类型，其中包括整数类型、浮点数类型和定点数类型，常用到的是整数类型和浮点数类型。每种类型根据其存储大小又分为多种类型，具体见表 1-2。在整数类型中最常用到的是 INT 类型，而浮点数类型中最常用到的是 FLOAT 类型。但是不同的数值类型有不同的取值范围，并且需要不同的存储空间，因此应根据实际需要选择最合适的类型，这样有利于提高查询效率和节省存储空间。

**表 1-2　常用数值类型**

| 所属类型 | 类型名称 | 存储大小 | 取值范围（有符号，可为负数） | 取值范围（无符号） | 用途说明 |
|---|---|---|---|---|---|
| 数值类型 | INT (INTEGHR) | 4 个字节 | (-2147483648，2147483647) | (0，4294967295) | 普通大整数数值 |
| | BIGINT | 8 个字节 | (-9223372036854775808，9223372036854775807) | (0，18446744073709551615) | 极大整数数值 |
| | FLOAT | 4 个字节 | (-3. 402823466E+38，-1. 175494351E-38) | 0 和(1. 175494351E-38，3. 402823466E+38) | 单精度浮点数值 |
| | DOUBLE | 8 个字节 | (-1. 7976931348623157E+308，-2. 2250738585072014E-308) | 0 和(2. 225073858 5072014E-308，1. 7976931348623157E+308) | 双精度浮点数值 |

从表 1-2 可以看到，常用的数值类型中，无论是整数类型还是浮点数类型，所需的存储空间大小是不同的，占用字节越多的类型其可存储数值范围越大，并且整数类型中的 INT 类型可以在类型后的括号内指定数值的显示宽度。这里要知道，显示宽度只用于显示，并不能限制取值范围和占用空间。INT 类型的默认显示宽度是 11。

### 1.3.2　时间和日期类型

MySQL 数据库系统中还有很多表示时间和日期的类型：TIME、YEAR、DATE、DATETIME、TIMESTAMP，每种类型具体的存储大小、存储格式以及取值范围见表 1-3。

**表 1-3　常用时间和日期类型**

| 所属类型 | 类型名称 | 存储大小 | 存储格式 | 取值范围 |
|---|---|---|---|---|
| 时间和日期类型 | TIME | 3 个字节 | HH:MM:SS | -838:59:59~838:59:59 |
| | YEAR | 1 个字节 | YYYY | 1901~2155 |
| | DATE | 3 个字节 | YYYY-MM-DD | 1000-01-01~9999-12-31 |
| | DATETIME | 8 个字节 | YYYY-MM-DD HH:MM:SS | 1000-01-01 00:00:00~9999-12-31 23:59:59 |
| | TIMESTAMP | 4 个字节 | YYYY-MM-DD HH:MM:SS | 1980-01-01 00:00:01 UTC~2040-01-19 03:14:07 UTC |

TIME 类型仅能表示以小时、分钟、秒组成的时间，仅能在需要储存时间信

息的值的时候选用这个类型。但是可以看到，TIME 类型中小时部分的取值范围已经超过 24，并且存在负值。这主要是因为 TIME 类型不仅可以用来表示一天 24 小时的时间，还可以用来表示某个事情过去的时间点甚至两个事情之间的时间间隔。

YEAR 类型大小仅为 1 个字节，因此仅能表示年。但是在输入年份时提供了不同的输入格式：

（1）以 4 位字符串格式或 4 位数值格式表示的年，取值范围为 1901~2155。如输入'2021'或 2021，插入到数据库中的值均为 2021。

（2）以 2 位字符串格式表示的年，取值范围为'00'~'99'。其中输入 2 位字符串格式的年在'00'~'69'范围内会被数据库自动转换为 2000~2069 范围，而输入 2 位字符串格式的年在'70'~'99'范围内则会被数据库自动转换为 1970~1999 范围。

（3）以 2 位数值格式表示的年，取值范围为 1~99。其中输入 2 位数值格式的年在 1~69 范围内会被数据库自动转换为 2001~2069 范围，而输入 2 位数值格式的年在 70~99 范围内则会被数据库自动转换为 1970~1999 范围。

鉴于上述 YEAR 类型中的 2 位年份的输入格式所表示的年份的取值范围容易混淆，建议在存储和输入 YEAR 类型的年份时选用统一以 4 位数值格式表示的年。

DATE 类型则能表示由年、月、日组成的日期值，没有时间部分。以 DATE 类型输入日期值时同样提供了不同的输入格式：

（1）以'YYYY-MM-DD'或'YYYYMMDD'的字符串格式输入的日期，取值范围为 1000-01-01~9999-12-31。如输入'2021-12-31'或'20201231'，插入数据库，数据库会自动识别为 2021-12-31。

（2）以'YY-MM-DD'或'YYMMDD'的字符串格式输入的日期，其中的 YY 代表年份值，按照 YEAR 类型中的输入 2 位字符串格式类型范围进行取值转换。

（3）以 YY-MM-DD 或 YYMMDD 的数值格式输入的日期，其中的 YY 代表年份值，按照 YEAR 类型中的输入 2 位数值格式类型范围进行取值转换。

鉴于上述 DATE 类型中的 2 位年份的输入格式所表示的年份的取值范围容易混淆，建议在存储和输入 DATE 类型的年份时选用统一以 4 位字符串格式表示的年。

DATETIME 类型则能表示同时包含日期和时间的类型，即年、月、日、时、分、秒，需要 8 个字节的存储空间。同样的，以 DATETIME 类型输入日期值时也提供了不同的输入格式：

（1）以 'YYYY-MM-DD HH:MM:SS' 或者 'YYYYMMDDHHMMSS' 的字符串格式输入日期时，取值范围为 1000-01-01 00:00:00~9999-12-31 23:59:59。如输入 '2021-12-31 12:12:12' 或 '20211231121212'，插入数据库，数据库会自动识别为 2021-12-31 12:12:12。

（2）以 'YY-MM-DD HH:MM:SS' 或者 'YYMMDDHHMMSS' 的字符串格式输入日期时，其中的 YY 代表年份值，按照 YEAR 类型中的输入 2 位字符串格式类型范围进行取值转换。

（3）以 YY-MM-DD HH:MM:SS 或者 YYMMDDHHMMSS 的数值格式输入日期时，其中的 YY 代表年份值，按照 YEAR 类型中的输入 2 位数值格式类型范围进行取值转换。

鉴于上述 DATETIME 类型中的 2 位年份的输入格式所表示的年份的取值范围容易混淆，建议在存储和输入 DATETIME 类型的年份时选用统一以 4 位字符串格式表示的年。

TIMESTAMP 类型所能表示的时间和日期类型与 DATETIME 类型表示的相同，即年、月、日、时、分、秒，不同的是由于 TIMESTAMP 类型的存储空间小于 DATETIME 类型，因此 TIMESTAMP 类型的取值范围要小于 DATETIME 类型。并且 DATETIME 类型输入数据时按照实际格式储存，与时区并不相关，而 TIMESTAMP 类型的存储格式为世界标准时间格式时需要注意根据时区的不同进行转换，因此在使用此种类型时需要着重考虑取值范围是否适用以及注意时区转换的问题。一般选用的是取值范围大的 DATETIME 类型。

### 1.3.3　字符串类型

字符串类型指的是用来存储字符串的数据类型，可以区分或者不区分大小写，也可以进行正则表达式的匹配查询。MySQL 数据库系统中的字符串类型有 CHAR、VARCHAR、TINYTEXT、TEXT、MEDIUMTEXT、LONGTEXT 等。具体的 MySQL 数据库常用字符串类型分类及其存储大小、存储说明和类型说明见表 1-4。

表 1-4 常用字符串类型

| 所属类型 | 类型名称 | 存储大小 | 存储说明 | 类型说明 |
|---|---|---|---|---|
| 字符串类型 | CHAR(M) | 0~255 个字节 | M 为字符个数，需手动输入 | 固定长度字符串 |
| | VARCHAR(M) | 0~65535 个字节 | M 为字符个数，需手动输入 | 变长字符串 |
| | TINYTEXT | 0~255 个字节 | 最大长度为 255（256-1）字符 | 短文本字符串 |
| | TEXT | 0~65535 个字节 | 最大长度为 65535（65536-1）字符 | 长文本字符串 |
| | MEDIUMTEXT | 0~16777215 个字节 | 最大长度为 16777215（16777216-1）字符 | 中等长度文本字符串 |
| | LONGTEXT | 0~4294967295 个字节 | 最大长度为 4294967295（4294967296-1）或 4GB 字符 | 极大文本字符串 |

需要注意的是，CHAR 类型与 VARCHAR 类型类似，同样都需要手动输入 *M* 个字符，但它们保存和检索的方式不同，其最大长度和尾部空格是否被保留等也不同。CHAR 类型会自动删除插入数据尾部的空格，而 VARCHAR 类型则不会删除尾部空格，在存储或检索过程中不进行大小写转换。因此，在数据库设计中选择字符串类型时，需根据实际情况进行选择。而 TEXT 类型中常用的 TINYTEXT、TEXT、MEDIUMTEXT、LONGTEXT 这四种类型的主要区别是可储存长度不同。随着存储长度的扩大，所占用存储空间的大小也在增加，因此需要根据实际情况进行选择。

## 1.4 MySQL 数据库设计

搭建 MySQL 数据库类似于建构房屋，在动工之前除准备材料外，设计图纸是很重要的一个环节。而数据库的设计指的是根据具体业务流程的各种需要，并结合 MySQL 数据库的基础，设计好数据库建设的各种框架、结构以及数据库中各个数据表之间的关系、层次。一个优秀、完善的数据库设计能够大大提高后面数据库存储、读取、访问的效率，而不良的数据库设计容易造成后面数据库建设中的各种困难，导致数据库运行过程中访问数据效率低下，严重的会导致数据库系统无法运行。因此，数据库设计是数据库建设之前极其重要的环节。数据库设计的主要步骤分为需求分析、概况结构设计、数据表结构设计。每个步骤都是数据库设计中必不可少的。

### 1.4.1 需求分析

需求分析是数据库设计的第一步，这一步要求设计人员对业务知识十分了解，清楚所建设数据库数据的结构、特点，并且能够整理出数据本身属性的特点。此外，设计人员需要清楚建设此数据库的各种需求是什么，如后期的数据库访问查询能够查询到什么等。需求分析的两大任务分别是应用需求分析和数据需求分析。数据库建设的应用需求分析是分析此数据库建设在功能上是为了“实现什么”，想要什么功能，其次还包括一些非功能性需求，如数据库的安全性、可扩展性、工作效率等。数据库建设的数据需求分析主要是分析数据库建设涉及哪些数据，设计数据的数据结构等。

以前面 1. 1. 2 提到的学生成绩信息数据库建设为例，首先，我们将学生成绩信息数据库命名为“student_transcript”，其中的空格使用了英文下划线“_”代替。需要注意的是，在使用 MySQL 数据库时，要尽量避免使用关键字作为数据库、数据表、表头的名字，具体的关键字详见附录。已知学生成绩表如表 1-5 所示，此时我们建设学生成绩信息数据库的主要应用需求包括：存储学生的成绩信息、学生信息、教师信息；可以根据限定条件（设定的单科或多科或总分成绩）查找成绩及成绩所对应的学生信息，同时查找相应的任课教师，这种操作的查询速度要优于人工使用 Excel 的查询；或者可以根据其他任意条件的设定查询到符合条件的信息，这种操作的查询速度要优于人工使用 Excel 的查询；需要保证数据的安全、隐私等；需要数据库可扩展性高，在学生的新一轮成绩统计完成后可以直接扩展到数据库中等。而建设学生成绩信息数据库的主要数据需求包括：从分析当前已有数据结构开始，如从表 1-5 中数据可知，班上总计有 10 位学生和 3 位老师；表中包含每位学生的学号、姓名，以及语文、数学、英语三科的单科成绩及总分，而语文、数学、英语每一科都有一个老师任教。此表是一个由多重结构信息组成的复合表，基于 MySQL 数据库的数据表的结构，我们需要将表 1-5 根据各种信息归类划分为多个表格。根据对表 1-5 的结构分类划分，我们可以将其分为学生信息表、教师信息表、成绩表三个表格，其中学生信息表中的信息条目包括学号、学生姓名、性别，教师信息表中的信息条目包括教师姓名、性别、所教授科目，成绩表中的信息条目包括语文、数学、英语、总分。

**表 1-5　学生成绩表**

| 学号 | 学生姓名 | 性别 | 科目（任课教师，性别） | | | 总分 |
|---|---|---|---|---|---|---|
| | | | 语文（张一一，男） | 数学（李二二，男） | 英语（王三三，女） | |
| 1114 | 王一 | 男 | 76. 5 | 88 | 92 | 256. 5 |
| 1426 | 张二 | 男 | 96 | 83 | 75 | 254 |
| 1032 | 索三 | 男 | 89 | 67 | 92 | 248 |

续表

| 学号 | 学生姓名 | 性别 | 科目（任课教师，性别） | | | 总分 |
|---|---|---|---|---|---|---|
| | | | 语文（张一一，男） | 数学（李二二，男） | 英语（王三三，女） | |
| 1029 | 李四 | 男 | 92 | 89 | 66 | 247 |
| 1051 | 刘五 | 女 | 82 | 87.5 | 73 | 242.5 |
| 1068 | 魏六 | 男 | 82 | 75 | 85 | 242 |
| 1075 | 陈七 | 女 | 86 | 69 | 78 | 233 |
| 1083 | 云八 | 女 | 84 | 67 | 73 | 224 |
| 1097 | 洪九 | 男 | 80.3 | 75 | 69 | 224.3 |
| 1100 | 姚十 | 男 | 59 | 62 | 80 | 201 |

### 1.4.2 概况结构设计

概况结构设计的目的是理清数据实体（通俗来讲即每个表格）之间的逻辑关系，从而对表格进行设计。数据实体之间的逻辑关系包括一对一关系（1∶1）、一对多关系（1∶$n$）和多对多关系（$m$∶$n$），理清这些数据实体之间的关系之后就可以通过绘制 E-R 图（Entity Relationship Diagram）（即通常所讲的实体关系图）将所有的关系可视化表示出来，以方便后期建设数据库时查阅。

以学生成绩信息数据库建设为例，从上述需求分析中我们可以得到学生信息表、教师信息表、成绩表三个表格，通过对这些关系进行整理可以得知，教师与学生的关系为多对多关系，因为一个学生拥有多个学科教师，而一个学科教师教授多个学生，因此可以确定教师信息表与学生信息表之间的关系是多对多关系（$m$∶$n$）；学生与成绩之间的关系是一对多关系，因为一个学生拥有多个学科的成绩，而一个成绩仅属于一个学生。在这里为了便于数据库的建设，我们新建一个教师-学生关系表，将其中的教师信息表与学生信息表之间多对多关系进行拆分，分别与教师-学生关系表形成一对多关系。同时根据前文讲到的数据表结构给每张表增加主键——id，并在成绩表中增加外键——学生 id，在教师-学生关系表中增加外键——教师 id、学生 id。

根据上述关系的梳理，完成 E-R 图的绘制（图 1–30）。图 1-30 中方框里的类目表示表格，每个类目中包含的信息为表格名称和每个表格中相应的表头。绘制 E-R 图的软件很多，简单的可以使用 Windows 自带的绘图工具进行绘制，此外还可以使用 Photoshop、Word 进行绘制，也可以使用专业的工程建模绘图软件进行绘制。图 1-30 使用的是 Visual Paradigm 工具完成的绘制，此工具具体的下载安装及使用方法不赘述，感兴趣的读者可以在网上查询相关资料进行学习。

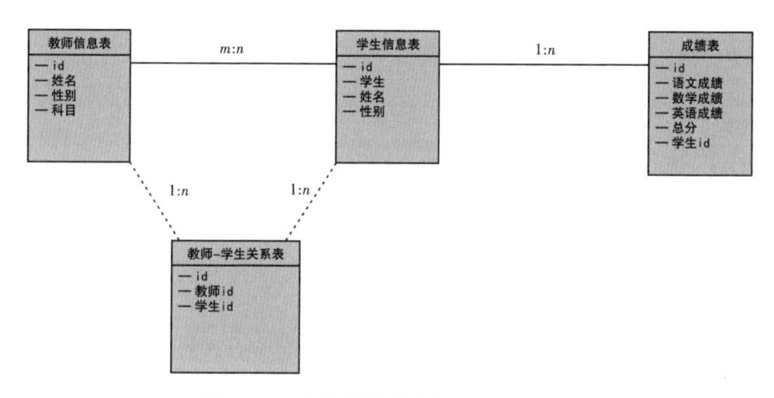


**图 1-30 学生成绩信息数据库 E-R 图**

### 1.4.3 数据表结构设计

通过将表 1-5 按照上述 E-R 图中的表格进行拆分、信息重组并建立新的表格后，可以得到表 1-6、表 1-7 和表 1-8。E-R 图中的表头给每个表增加了一列 id 作为每个表的主键，同时给成绩表添加学生 id，给教师-学生关系表添加教师 id 和学生 id。根据 E-R 图的设计需要，将多对多关系拆解为一对多关系，即将教师信息表中的教师 id 和学生信息表中的学生 id 作为教师-学生关系表的外键建立教师-学生关系表，以方便后面的数据库建设（表 1-9）。

**表 1-6 教师信息表**

| id | 姓名 | 性别 | 科目 |
|---|---|---|---|
| 1 | 张一一 | 男 | 语文 |
| 2 | 李二二 | 男 | 数学 |
| 3 | 王三三 | 女 | 英语 |

**表 1-7 学生信息表**

| id | 学号 | 姓名 | 性别 |
|---|---|---|---|
| 1 | 1114 | 王一 | 男 |
| 2 | 1426 | 张二 | 男 |
| 3 | 1032 | 索三 | 男 |
| 4 | 1029 | 李四 | 男 |
| 5 | 1051 | 刘五 | 女 |
| 6 | 1068 | 魏六 | 男 |
| 7 | 1075 | 陈七 | 女 |
| 8 | 1083 | 云八 | 女 |
| 9 | 1097 | 洪九 | 男 |

续表

| id | 学号 | 姓名 | 性别 |
| --- | --- | --- | --- |
| 10 | 1100 | 姚十 | 男 |
| 11 | 1210 | 洪八 | 男 |
| 12 | 1211 | 洪八八 | 男 |
| 13 | 1213 | 洪 | 女 |

**表 1-8　成绩表**

| id | 语文成绩 | 数学成绩 | 英语成绩 | 总分 | 学生 id |
| --- | --- | --- | --- | --- | --- |
| 1 | 76.5 | 88 | 92 | 256.5 | 1 |
| 2 | 96 | 83 | 75 | 254 | 2 |
| 3 | 89 | 67 | 92 | 248 | 3 |
| 4 | 92 | 89 | 66 | 247 | 4 |
| 5 | 82 | 87.5 | 73 | 242.5 | 5 |
| 6 | 82 | 75 | 85 | 242 | 6 |
| 7 | 86 | 69 | 78 | 233 | 7 |
| 8 | 84 | 67 | 73 | 224 | 8 |
| 9 | 80.3 | 75 | 69 | 224.3 | 9 |
| 10 | 59 | 62 | 80 | 201 | 10 |

**表 1-9　教师-学生关系表**

| id | 教师 id | 学生 id |
| --- | --- | --- |
| 1 | 1 | 1 |
| 2 | 1 | 2 |
| 3 | 1 | 3 |
| 4 | 1 | 4 |
| 5 | 1 | 5 |
| 6 | 1 | 6 |
| 7 | 1 | 7 |
| 8 | 1 | 8 |
| 9 | 1 | 9 |
| 10 | 1 | 10 |
| 11 | 2 | 1 |
| 12 | 2 | 2 |
| 13 | 2 | 3 |
| 14 | 2 | 4 |
| 15 | 2 | 5 |

续表

| id | 教师 id | 学生 id |
|---|---|---|
| 16 | 2 | 6 |
| 17 | 2 | 7 |
| 18 | 2 | 8 |
| 19 | 2 | 9 |
| 20 | 2 | 10 |
| 21 | 3 | 1 |
| 22 | 3 | 2 |
| 23 | 3 | 3 |
| 24 | 3 | 4 |
| 25 | 3 | 5 |
| 26 | 3 | 6 |
| 27 | 3 | 7 |
| 28 | 3 | 8 |
| 29 | 3 | 9 |
| 30 | 3 | 10 |

将表格进行拆分就是为了将拆分后的表格数据录入数据库，因此在做好表格的拆分后，接下来就需要进行表格的逻辑结构设计，即要确定每张数据表的表头名称、每列的数据类型、可否为空、约束条件（主键、外键）等。在此之前需要将表格的中文表头转换为英文表头，同样的使用英文下划线“_”替代空格。需要注意的是，在使用 MySQL 数据库时，要尽量避免使用关键字作为数据库、数据表、表头的名字，具体的关键字详见附录。具体的表格逻辑见表 1-10、表 1-11、表 1-12、表 1-13。在这里我们使用的主键 id 为数值类型，因此选用数据类型为 INT，并且将其设置为不为空，约束条件为主键；学号由于是整数，选用数据类型为 INT；通过观察原始表格发现，其他字符串长度并不算很长，因此选用 VARCHAR（255）类型；学生成绩类型为单精度浮点数类型，因此选用 FLOAT 类型，而表格的外键其实就是引用其他表格的主键，因此选用类型同样为 INT。并且，为了使在构建数据库时能够快速理解每个表头的意思，我们给每个表头都增加了中文说明。至此，数据库的设计就完成了，接下来就是根据数据库的设计方案使用 MySQL 数据库管理系统进行数据库框架的搭建以及数据库数值的输入。

表 1-10 教师信息表

| 表头名称 | 数据类型 | 可否为空 | 约束条件 | 说明 |
| --- | --- | --- | --- | --- |
| id | INT | NOT NULL | 主键 | 教师 id |
| name | VARCHAR（255） | — | 无 | 姓名 |
| gender | VARCHAR（255） | — | 无 | 性别 |
| subject | VARCHAR（255） | — | 无 | 科目 |

表 1-11 学生信息表

| 表头名称 | 数据类型 | 可否为空 | 约束条件 | 说明 |
| --- | --- | --- | --- | --- |
| id | INT | NOT NULL | 主键 | 学生 id |
| student_number | INT | — | 无 | 学号 |
| name | VARCHAR（255） | — | 无 | 姓名 |
| gender | VARCHAR（255） | — | 无 | 性别 |

表 1-12 成绩表

| 表头名称 | 数据类型 | 可否为空 | 约束条件 | 说明 |
| --- | --- | --- | --- | --- |
| id | INT | NOT NULL | 主键 | 成绩表 id |
| language | FLOAT | — | 无 | 语文成绩 |
| mathematics | FLOAT | — | 无 | 数学成绩 |
| english | FLOAT | — | 无 | 英语成绩 |
| total_score | FLOAT | — | 无 | 总分 |
| student_id | INT | — | 外键 | 学生 id |

表 1-13 教师-学生关系表

| 字段名称 | 数据类型 | 可否为空 | 约束条件 | 说明 |
| --- | --- | --- | --- | --- |
| id | INT | NOT NULL | 主键 | 教师-学生关系 id |
| student_id | INT | — | 外键 | 学生 id |
| teacher_id | INT | — | 外键 | 教师 id |

## 1.5 进入 MySQL 本地服务器的操作管理界面与退出管理界面

在 Windows 系统下，使用 win+R 键打开运行窗口（图 1-31），在运行窗口的输入框中输入 cmd 后敲击回车键打开命令窗口（图 1-32），在命令窗口输入 cd+路径地址进入 MySQL 安装目录中的 bin 目录（图 1-33，如 MySQL 的安装路径为默认路径则输入 cd C:\Program Files\MySQL\MySQL Server 5.7\bin）；或者打开我的电脑，根据 MySQL 安装路径并依次点进 MySQL 安装目录中的 bin 目录，在窗口地址栏输入 cmd 后敲击回车键打开命令窗口。随后在窗口中输入 mysql -u root -p，敲击回车键，然后会提示输入密码，此时输入安装 MySQL 时创建的用户密码就可成功进入 MySQL 本地服务器的操作管理界面（图 1-34），此时使用 quit 命令则可退出 MySQL 操作管理界面（图 1-35）。

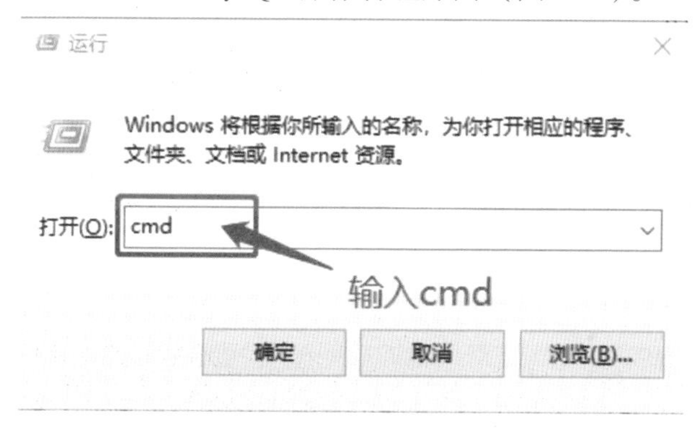


**图 1-31　运行窗口**

**图 1-32　命令窗口**

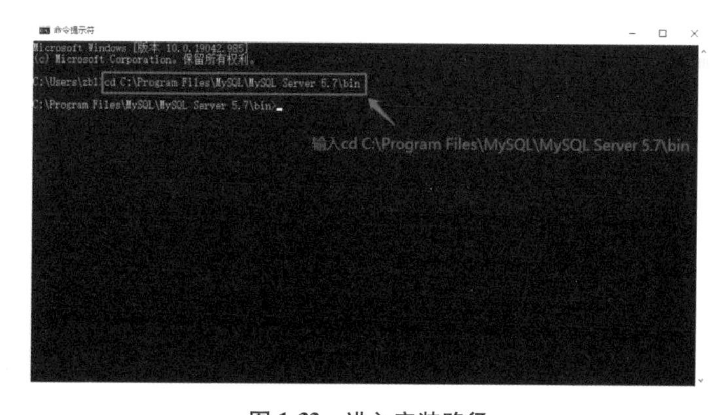


**图 1-33　进入安装路径**

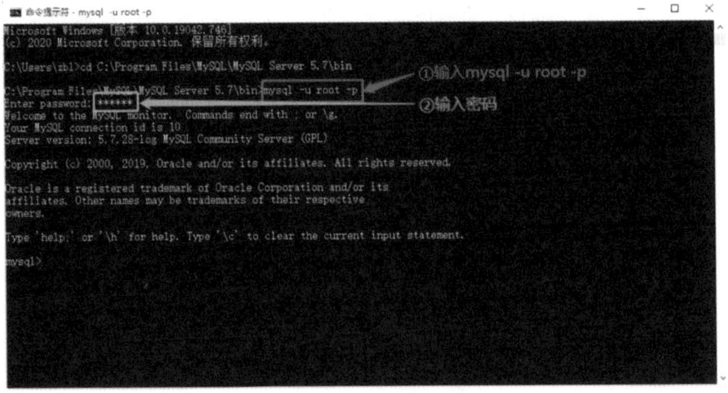

图 1-34 进入 MySQL 操作管理界面

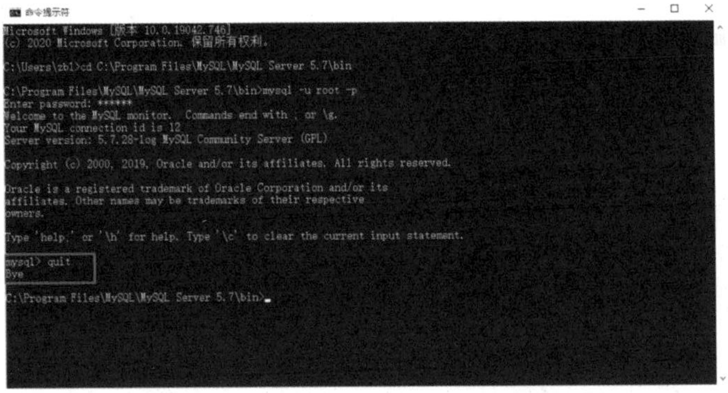

图 1-35 退出 MySQL 操作管理界面

## 1.6 MySQL 数据库创建、查看选择和删除

### 1.6.1 MySQL 数据库创建

在完成上述步骤进入 MySQL 操作管理界面后，使用 CREATE DATABASE 命令进行数据库创建，其语法格式为：

```
CREATE DATABASE IF NOT EXISTS <数据库名>
DEFAULT CHARACTER SET <字符集名>;
```

这里应该注意此条命令后面的英文分号“;”，MySQL 将英文分号识别为 SQL 命令语句的结束符号，因此如果要输入、完成 SQL 命令语句，必须在命令最后加上英文分号，回车，系统才会运行此条命令；接下来的所有相关命令都需要注意添加英文分号作为结尾标志。MySQL 的命令语句对 SQL 关键字的大小写没有硬性要求，但是对于数据库名称、数据表名称、表头名称等需要严格区分大小写。

语法中的 IF NOT EXISTS 语句是可选的，因为 MySQL 数据库同一个名称仅允许存在一个数据库，因此在创建数据库前要检查判断当前名称是否已经存在，不存在时才会执行此条数据库创建命令；若指定名称的数据库已存在，使用此参数可以避免系统抛出“无法创建数据库”的错误信息；同时语法中的第二句“DEFAULT CHARACTER SET <字符集名>”同样是可选的，其意义是可自行设定数据库中的默认字符集。

例如，创建一个关于学生成绩信息的数据库，首先应确定数据库名称为 student_transcript。这里需要注意的是，数据库名称中不允许出现中文和空格，不能以数字开头，因此在确定名称前需要进行中英文转换，然后使用一个英文下划线“_”代替名称中的一个空格。而且我们创建的这个数据库中包含很多中文信息，如人物名称、课程名称等，因此要调用“DEFAULT CHARACTER SET <字符集名>”命令来指定数据库默认字符集为 utf8mb4。

连接好数据库后，创建数据库 student_transcript，输入如下 SQL 命令语句：

```
CREATE DATABASE IF NOT EXISTS student_transcript
DEFAULT CHARACTER SET utf8mb4;
```

使用上述 SQL 命令语句创建数据库成功后，系统会弹出提示 Query OK，1 row affected (0.00 sec)（图 1-36）。注意，图 1-36 中命令前的“->”符号为 SQL 命令语句回车后系统自动生成的，在复制相关 SQL 命令语句时无需复制此符号。如果此时再次使用创建命令则系统会因为已经存在 student _transcript 数据库而抛出错误提醒 ERROR 1007 (HY000): Can't create database 'student_transcript'; database exists（图 1-37）；如果使用 IF NOT EXISTS 语句则会因为此数据库名称已经存在，提示 Query OK, 1 row affected, 1 warning (0.00 sec)（图 1-38）。

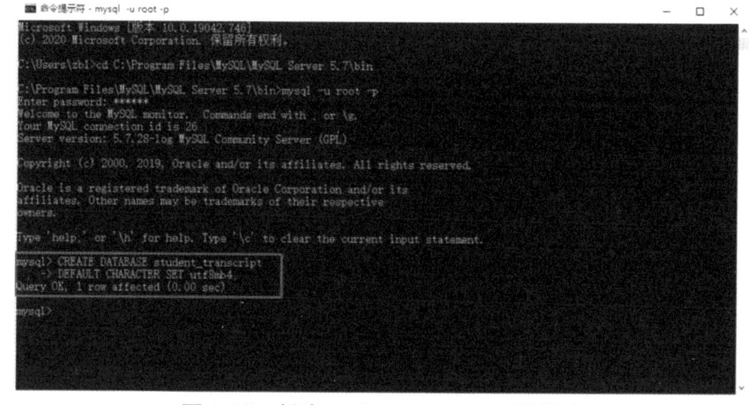


**图 1-36　创建 student_transcript 数据库**

```
命令提示符 - mysql -u root -p
Microsoft Windows [版本 10.0.19042.746]
(c) 2020 Microsoft Corporation. 保留所有权利。

C:\Users\zbl>cd C:\Program Files\MySQL\MySQL Server 5.7\bin

C:\Program Files\MySQL\MySQL Server 5.7\bin>mysql -u root -p
Enter password: ******
Welcome to the MySQL monitor.  Commands end with ; or \g.
Your MySQL connection id is 26
Server version: 5.7.28-log MySQL Community Server (GPL)

Copyright (c) 2000, 2019, Oracle and/or its affiliates. All rights reserved.

Oracle is a registered trademark of Oracle Corporation and/or its
affiliates. Other names may be trademarks of their respective
owners.

Type 'help;' or '\h' for help. Type '\c' to clear the current input statement.

mysql> CREATE DATABASE student_transcript
    -> DEFAULT CHARACTER SET utf8mb4;
Query OK, 1 row affected (0.00 sec)

mysql> CREATE DATABASE student_transcript
    -> DEFAULT CHARACTER SET utf8mb4;
ERROR 1007 (HY000): Can't create database 'student_transcript'; database exists
mysql>
```

图 1-37 创建已有数据库报错提示

```
命令提示符 - mysql -u root -p
(c) 2020 Microsoft Corporation. 保留所有权利。

C:\Users\zbl>cd C:\Program Files\MySQL\MySQL Server 5.7\bin

C:\Program Files\MySQL\MySQL Server 5.7\bin>mysql -u root -p
Enter password: ******
Welcome to the MySQL monitor.  Commands end with ; or \g.
Your MySQL connection id is 26
Server version: 5.7.28-log MySQL Community Server (GPL)

Copyright (c) 2000, 2019, Oracle and/or its affiliates. All rights reserved.

Oracle is a registered trademark of Oracle Corporation and/or its
affiliates. Other names may be trademarks of their respective
owners.

Type 'help;' or '\h' for help. Type '\c' to clear the current input statement.

mysql> CREATE DATABASE student_transcript
    -> DEFAULT CHARACTER SET utf8mb4;
Query OK, 1 row affected (0.00 sec)

mysql> CREATE DATABASE student_transcript
    -> DEFAULT CHARACTER SET utf8mb4;
ERROR 1007 (HY000): Can't create database 'student_transcript'; database exists
mysql> CREATE DATABASE IF NOT EXISTS student_transcript
    -> DEFAULT CHARACTER SET utf8mb4;
Query OK, 1 row affected, 1 warning (0.00 sec)

mysql>
```

图 1-38 使用 IF NOT EXISTS 语句创建已有数据库

### 1.6.2 MySQL 数据库查看选择

由于我们在安装 MySQL 数据库的同时默认安装了多个官方提供的数据库例子，因此在对指定数据库进行下一步操作之前，可以使用 SHOW DATABASES 命令实现查看当前已有数据库。

连接好数据库后输入如下 SQL 命令语句：

```
SHOW DATABASES;
```

从输出结果中可以看到，图 1-39 中绿色框圈起来的为刚刚创建的 student_transcript 数据库。

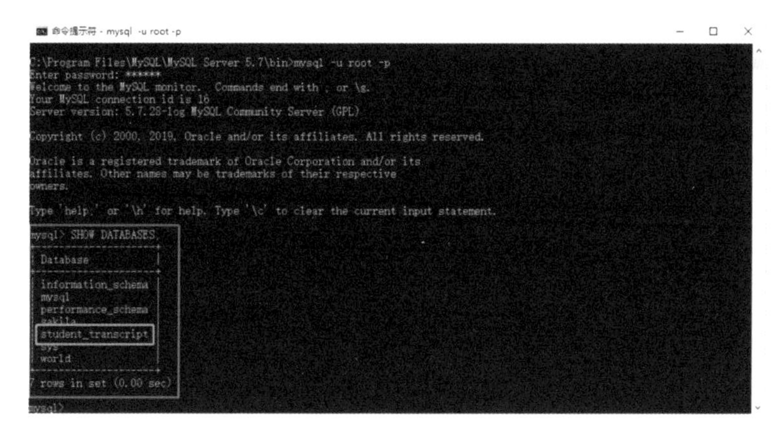


图 1-39　查看数据库

使用选择数据库命令可以选择指定数据库进行下一步操作，选择数据库命令的语法格式如下：

```
USE <数据库名>;
```

如我们选择 student_transcript 数据库，则可以输入 SQL 命令语句：

```
USE student_transcript;
```

当输入并运行上述选择数据库命令后，系统会弹出提示 Database changed（图 1-40），此后进行的所有操作都是针对 student_transcript 数据库的。

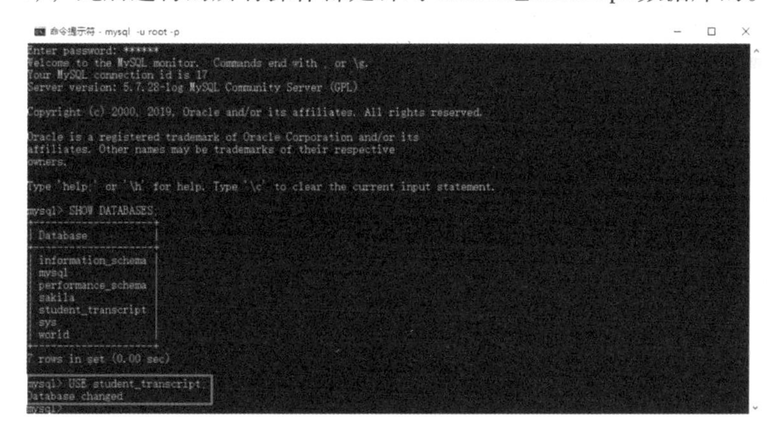


图 1-40　选择数据库

### 1.6.3　MySQL 数据库删除

只有在确定想要删除的数据库以后都不会再使用，并且不想留着占用存储空间时，才可以执行删除数据库命令。删除数据库是将已经存在的所有数据库框架从磁盘上永久抹除，若前期没有备份，不能恢复。并且，执行 MySQL 删除数据库命令时不会给出再次确认删除等提示信息。因此，删除数据库这一项操作存在很大风险，执行之前须十分慎重！

在 MySQL 中，当需要删除已有数据库时，可以使用 DROP DATABASE 命令，其语法格式如下：

```
DROP DATABASE <数据库名>;
```

例如，我们先创建一个名为 test_del 的用于测试删除命令的数据库，随后使用 SHOW DATABASES 命令查看创建的数据库（图 1-41），再使用 DROP DATABASE 命令删除 test_del 数据库。输入 SQL 命令语句如下：

```
DROP DATABASE test_del;
```

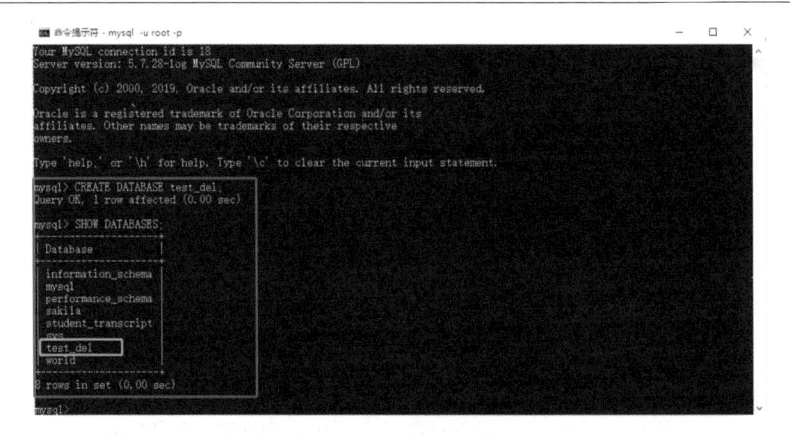


**图 1-41 创建 test_del 数据库**

删除数据库成功后，系统会弹出提示 Query OK，0 rows affected（0.01 sec）。继续使用 SHOW DATABASES 命令查看数据库列表可以发现，test_del 已经被成功删除（图 1-42）。此时如果想要删除的数据库已不存在，再次使用 DROP DATABASE 命令时系统会弹出错误提示 ERROR 1008（HY000）：Can't drop database 'test_del'; database doesn't exist，即数据库 test_del 不存在。如果在此处使用如下 IF EXISTS 语句，则可以避免系统报出此类错误（图 1-43）。

```
DROP DATABASE IF EXISTS test_del;
```

图 1-42　删除 test_del 数据库

```
命令提示符 - mysql -u root -p
| student_transcript |
| sys                |
| test_del           |
| world              |
+--------------------+
8 rows in set (0.00 sec)

mysql> DROP DATABASE test_del;
Query OK, 0 rows affected (0.01 sec)

mysql> SHOW DATABASES;
+--------------------+
| Database           |
+--------------------+
| information_schema |
| mysql              |
| performance_schema |
| sakila             |
| student_transcript |
| sys                |
| world              |
+--------------------+
7 rows in set (0.00 sec)

mysql> DROP DATABASE test_del;
ERROR 1008 (HY000): Can't drop database 'test_del'; database doesn't exist
mysql> DROP DATABASE IF EXISTS test_del;
Query OK, 0 rows affected, 1 warning (0.00 sec)

mysql>
```

图 1-43　使用 IF EXISTS 语句删除不存在的数据库

注意，一开始我们完成 MySQL 安装后，系统会自动安装一些数据库例子和样本，其中的名为 information_schema 和 mysql 的两个系统数据库不可删除；若删除，将会导致 MySQL 不能正常工作。

## 1.7　MySQL 数据库数据表创建

数据库建好后，就可以在此数据库中进行数据表的创建了。在创建数据表之前，同样需要将数据表名称、表头名称转换为英文，并且使用英文下划线“_”代替空格。需要注意的是，在使用 MySQL 时，一定要尽量避免使用关键字作为数据库、数据表、表头的名称，具体的关键字详见附录。由于数据表是隶属于数据库的，因此在创建数据表之前需要使用选择数据库命令选择需要创建数据表的数据库。

数据表的创建命令为 CREATE TABLE 命令，其语法格式如下：

```
CREATE TABLE <表名> (
表定义选项,
表定义选项,
……
[表级别约束条件]);
```

其中的表定义选项主要格式为（列名　列数据类型定义　空值说明　注释）。如果需要在一张表格中创建多个列，则用逗号间隔开，即（列名　列数据类型定义　空值说明　注释，　列名　列数据类型定义　空值说明　注释）。表级别约束条件主要为数据表创建时的主键约束条件和外键约束条件。在使用 CREATE TABLE 命令创建数据表时，必须指定要创建的数据表的名称，并且数据表的名称不能使用关键字；必须指定数据表中每一列的列名即表头和数据类型，并且列名不能使用关键字；其他的空值说明、注释等为可选项，可根据实际情况选择是否进行指定。

如要在学生成绩信息数据库中创建教师信息表，首先要使用选择数据库命令选择此数据库，将“教师信息表”转换为英文如“teacher”，然后根据表1-10中的设计，使用 CREATE TABLE 命令完成表格的创建，在表格创建完成后，系统会返回创建成功提示 Query OK，0 rows affected（0.03 sec）（图 1-44）。

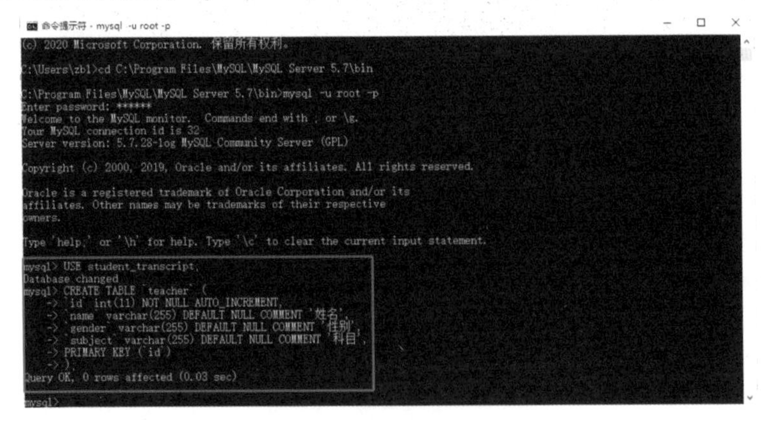


**图 1-44　创建教师信息表**

创建数据表 teacher 的 SQL 命令语句为：

```
CREATE TABLE `teacher` (
`id` int(11) NOT NULL AUTO_INCREMENT,
`name` varchar(255) DEFAULT NULL COMMENT '姓名',
`gender` varchar(255) DEFAULT NULL COMMENT '性别',
```

```
`subject` varchar(255) DEFAULT NULL COMMENT '科目',
PRIMARY KEY (`id`)
);
```

上述创建命令中，DEFAULT NULL 默认为空，即此列中的数值在没有人为修改前默认为空；AUTO_INCREMENT 定义此列为自增属性，一般用在主键上，每次增加一条数据，此列的数值会自动加 1；COMMENT 为注释，后面紧跟此列的注释；PRIMARY KEY 为主键，后面紧跟主键的表头名称。在数据表创建成功后，可以使用 SHOW TABLES 命令查看数据表。图 1-45 中绿色框中部分即为刚刚创建的教师信息表（teacher）。

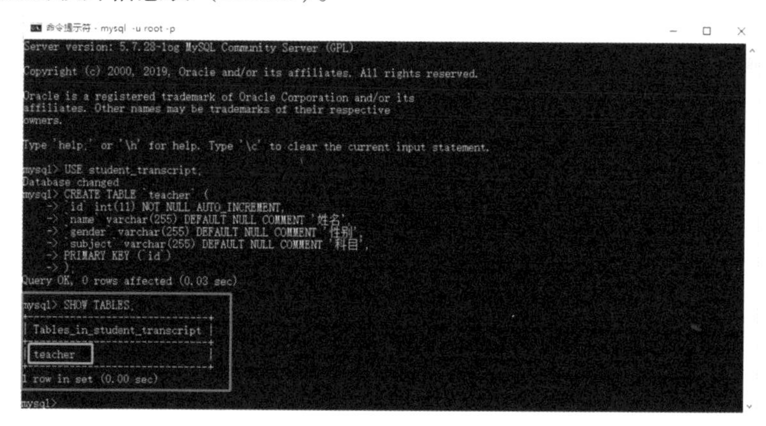


**图 1-45　查看数据表**

在前面创建数据表 teacher 时已演示了如何设定数据表的主键约束条件，在数据表的级别约束条件中还有外键约束条件，创建外键约束条件命令的语法格式如下：

```
CONSTRAINT <外键约束名> FOREIGN KEY (表头) REFERENCES <主表名> (主键表头)
```

外键的主要作用是关联两个数据表，其中主表为关联列对应的主键所在的数据表，从表则是外键所在数据表。如教师-学生关系表即数据表teacher_student就包含两个外键，即教师信息表（teacher）的主键 id 和学生信息表（student）的主键 id，在创建含有外键的从表时要先确定主表的存在。前面已经创建了教师信息表（teacher），因此在创建教师-学生关系表前需要先创建学生信息表（student）。根据图 1-30 中的 E-R 关系和表 1-11 的设计，使用 CREATE TABLE 命令创建数据表 student，SQL 命令语句为：

```
CREATE TABLE `student` (
`id` int(11) NOT NULL,
```

```
`student_number` varchar(255) DEFAULT NULL COMMENT '学号',
`name` varchar(255) DEFAULT NULL COMMENT '姓名',
`gender` varchar(255) DEFAULT NULL COMMENT '性别',
PRIMARY KEY (`id`)
);
```

教师信息表和学生信息表都创建完毕后，根据图 1-30 的 E-R 关系和表 1-13 的设计，使用 CREATE TABLE 命令创建数据表 teacher_student，其中需要用到外键约束条件。这里，我们将与教师信息表关联的外键约束名定为“pk_teacher”，将与学生信息表关联的外键约束名定为“pk_student”，SQL 命令语句为：

```
CREATE TABLE `teacher_student` (
`id` int(11) NOT NULL AUTO_INCREMENT,
`teacher_id` int(11) DEFAULT NULL COMMENT '教师 id',
`student_id` int(11) DEFAULT NULL COMMENT '学生 id',
PRIMARY KEY (`id`),
CONSTRAINT `pk_student` FOREIGN KEY (`student_id`) REFERENCES `student`
(`id`),
CONSTRAINT `pk_teacher` FOREIGN KEY (`teacher_id`) REFERENCES `teacher`
(`id`)
);
```

## 1.8 MySQL 数据库数据表的修改

当需要对数据库中已经创建好的数据表进行修改时，可以使用 MySQL 的 ALTER TABLE 命令。此命令可以修改数据表名称、数据表字段数据类型、数据表表头名称（字段名）、添加和删除表头（字段）、删除外键约束等。

### 1.8.1 MySQL 数据库数据表名称修改

MySQL 中通过使用 ALTER TABLE 命令修改数据表名称，其语法格式如下：

```
ALTER TABLE <原表名> RENAME [TO] <新表名>;
```

语法中使用了 RENAME TO，其中的 TO 为可选参数，在使用此命令时可以省略。

例如，将学生成绩信息数据库中的教师信息表即数据表 teacher 修改名称为 teacher_table。在执行修改表名命令之前，我们先使用选择数据库命令选择学生成绩信息数据库，然后使用 SHOW TABLES 命令查看当前数据库中的所有数据表，如图 1-46 中红色框中部分所示。随后使用 ALTER TABLE 命令将教师信息表即数据表 teacher 修改名称为 teacher_table。其 SQL 命令语句如下：

```
ALTER TABLE teacher RENAME teacher_table;
```

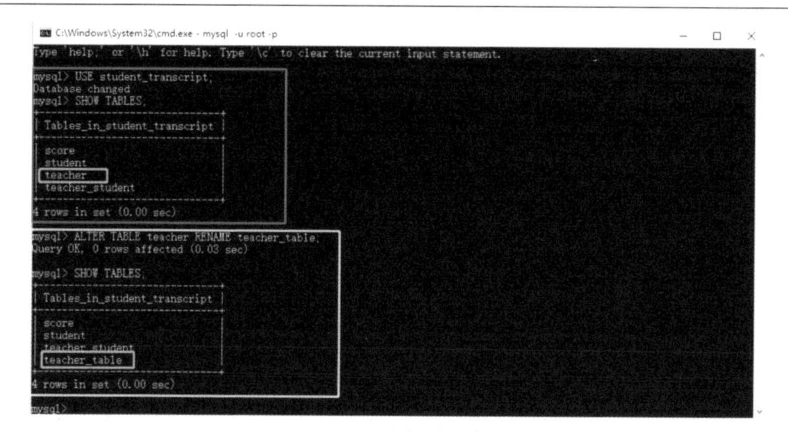


**图 1-46　修改数据表名称**

上述 SQL 命令语句执行成功后，系统会给出提示 Query OK, 0 rows affected (0.03 sec)，此时再次使用 SHOW TABLES 命令查看当前数据库中的所有数据表，通过比较图 1-46 中绿色框中的内容可以发现数据表名称已经修改成功。修改数据表名称并不会修改数据表的原有结构，因此修改名称后数据表的结构与修改前数据表的结构一致。

### 1.8.2　MySQL 数据库数据表字段数据类型修改

MySQL 中，通过使用 ALTER TABLE 命令修改数据表字段数据类型，其语法格式如下：

```
ALTER TABLE <表名> MODIFY <字段名> <数据类型>;
```

语法中<表名>指的是想要修改字段所在数据表的名称，<字段名>为想要修改字段即表头的名称，<数据类型>为想要修改成的新的数据类型。

例如，将学生成绩信息数据库中的教师信息表即数据表 teacher 中 name 字段的数据类型由 VARCHAR（255）修改为 VARCHAR（25）。在执行修改命令之前，我们先使用选择数据库命令选择学生成绩信息数据库，然后使用 DESC 命令查看当前数据表 teacher 的结构，如图 1-47 中红色框中部分所示。随后使用 ALTER TABLE 命令将数据表 teacher 中的 name 字段数据类型修改为 VARCHAR(25)，其 SQL 命令语句如下：

```
ALTER TABLE teacher MODIFY name VARCHAR(25);
```

上述 SQL 命令语句执行成功后，系统会给出提示 Query OK，3 rows affected（0.07 sec）Records：3 Duplicates：0 Warnings：0，此时我们再次使用 DESC 命令查看当前数据表 teacher 的结构。通过比较图 1-47 中绿色框中的内容可以发现，数据表中的 name 字段的数据类型已经修改成功。注意，这里使用到的 DESC 命令为查看数据表基本结构命令，后面紧跟想要查看的数据表的表名。使用此命令可以查看数据表的字段名称、字段数据类型、是否为主键、是否有默认值等。

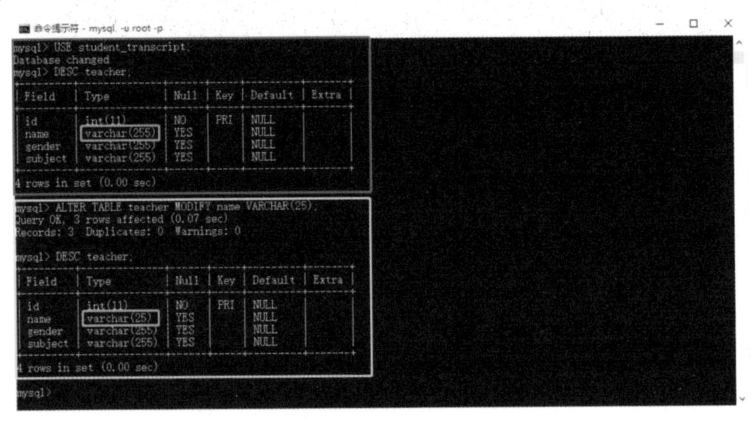


**图 1-47　修改数据表字段数据类型**

### 1.8.3 MySQL 数据库数据表表头名称（字段名）修改

MySQL 中通过使用 ALTER TABLE 命令进行数据表表头名称（字段名）的修改，其语法格式如下：

```
ALTER TABLE <表名> CHANGE <旧表头名称> <新表头名称> <新数据类型>;
```

语法中<表名>指的是想要修改表头即字段所在数据表的名称，<旧表头名称>为修改前的表头即字段名称，<新表头名称>为想要修改成的新的表头即字段的名称，<新数据类型>为想要修改成的新的数据类型，如果不想修改数据类型则需要在此处输入原来的数据类型，数据类型不能为空。

例如，将学生成绩信息数据库中的教师信息表即数据表 teacher 中的 gender 字段修改为 sex，其数据类型保持不变。在执行修改命令之前，我们先使用选择数据库命令选择学生成绩信息数据库，然后使用 DESC 命令查看当前数据表 teacher 的结构，如图 1-48 中红色框中部分所示。随后使用 ALTER TABLE 命令将数据表 teacher 中的 gender 字段修改为 sex，其数据类型依然使用原数据类型，即 VARCHAR（255）。其 SQL 命令语句如下：

```
ALTER TABLE teacher CHANGE gender sex VARCHAR(255);
```

上述 SQL 命令语句执行成功后，系统会给出提示 Query OK，0 rows affected（0.01 sec）Records：0 Duplicates：0 Warnings：0，此时我们再次使用 DESC 命令查看当前数据表 teacher 的结构。通过比较图 1-48 中绿色框中的内容可以发现，数据表 teacher 中的 gender 字段已经被成功修改为 sex。

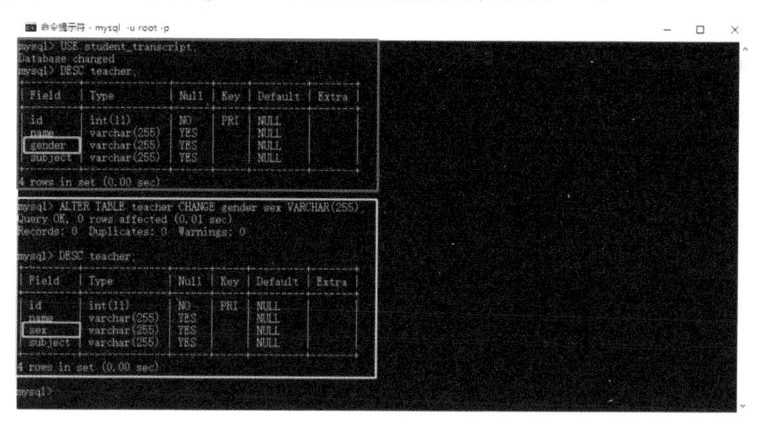


**图 1-48　修改数据表表头名称（字段名）**

上述 SQL 命令语句中的 CHANGE 也可以仅修改数据类型的功能，即实现和 MODIFY 相同的修改效果。方法是将上述命令语句中的<新表头名称>编写为与<旧表头名称>相同的名字，同时仅将后面的<新数据类型>设置为想要修改的数据类型。不同的数据在数据库中的存储所需空间大小和存储方式不尽相同，修改数据类型可能会影响数据表中已存在的数据，因此建议在开始建设数据库时就要选择好要使用的数据类型，在后期不要轻易修改。

### 1.8.4　MySQL 数据库数据表添加表头（字段）

随着实际业务的变化，开始建设的数据库中的数据表中的列可能已不能满足需求，因此要在数据表中增加新的一列，这就需要在数据表中增加新的表头即字段。在添加新的一列时，应有完整的表头名称、列数据类型定义、空值说明、注释等表定义选项。MySQL 中通过使用 ALTER TABLE 命令，可进行数据表表头（字段）的添加，其语法格式如下：

```
ALTER TABLE <表名> ADD
表定义选项
[FIRST | AFTER <已存在表头名称>];
```

语法中<表名>指的是想要添加的表头所在数据表的名称，表定义选项的主要格式为表头名称、列数据类型定义、空值说明、注释等。其中“FIRST”为可选参数，添加表头时使用这个参数可以将新添加的表头的位置设置为第一位；

“AFTER<已存在表头名称>” 同样为可选参数，在添加表头时使用这个参数可以将新添加的表头添加到指定的<已存在表头名称>后面。在使用这两个参数时，可以择其一对新增表头的位置进行指定，如果在使用上述添加表头（字段）命令语句中没有这两个参数的其中之一，则数据库默认添加的表头位置为最后一列。

例如，在学生成绩信息数据库中的教师信息表即数据表 teacher 中添加年龄一列，定义表头为 age，数据类型为 INT，默认为空，注释为年龄。在执行添加命令之前，我们先使用选择数据库命令选择学生成绩信息数据库，然后使用 DESC 命令查看当前数据表 teacher 的结构，如图 1-49 中红色框中部分所示。随后使用 ALTER TABLE 命令给数据表 teacher 添加字段 age，并且在添加时加上完整的约束条件。其 SQL 命令语句如下：

```
ALTER TABLE teacher ADD
age INT DEFAULT NULL COMMENT '年龄';
```

上述 SQL 命令语句执行成功后，系统会给出提示 Query OK，0 rows affected (0. 10 sec) Records：0 Duplicates：0 Warnings：0，此时我们再次使用 DESC 命令查看当前数据表 teacher 的结构，可以发现数据表 teacher 已经成功添加字段 age 到最后一列（图 1-49 中绿色框中内容）。

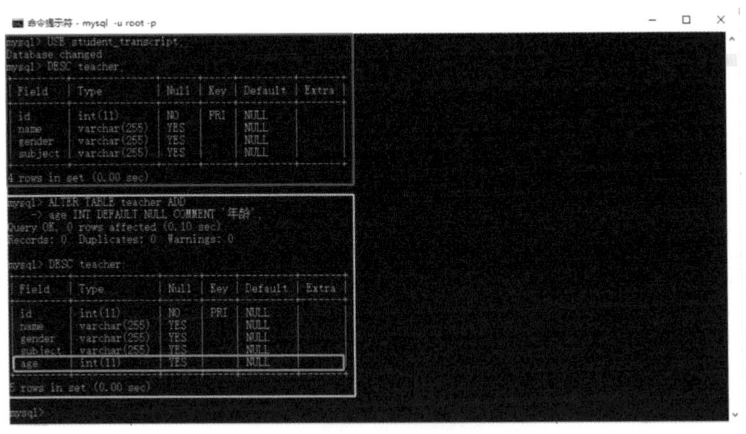


**图 1-49　添加字段到数据表默认位置**

如果我们想要将上述字段 age 添加到数据表 teacher 的第一列，则需要在添加字段 SQL 命令语句后加上 FIRST：

```
ALTER TABLE teacher ADD
age INT DEFAULT NULL COMMENT '年龄'
FIRST;
```

上述 SQL 命令语句执行成功后，系统会给出提示 Query OK，0 rows affected（0. 11 sec） Records：0 Duplicates：0 Warnings：0，此时我们再次使用 DESC 命令查看当前数据表 teacher 的结构，可以发现，数据表 teacher 已经成功添加字段 age 到第一列（图 1-50 中绿色框中内容）。

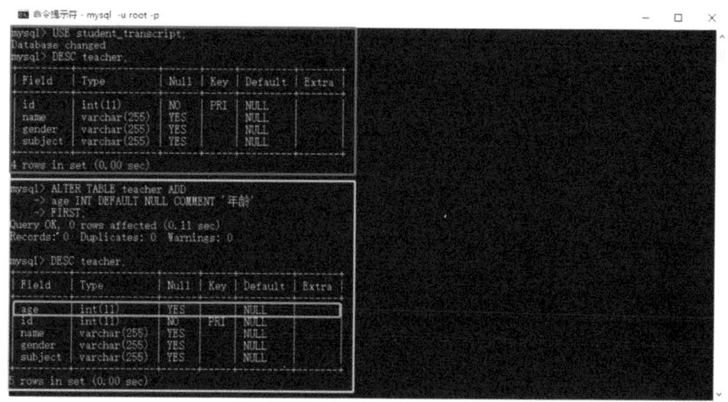


**图 1-50　添加字段到数据表第一列**

如果我们想要将上述字段 age 添加到数据表 teacher 的 name 字段之后，则需要在添加字段 SQL 命令语句后加上 AFTER name：

```
ALTER TABLE teacher ADD
age INT DEFAULT NULL COMMENT '年龄'
AFTER name;
```

上述 SQL 命令语句执行成功后，系统会给出提示 Query OK，0 rows affected（0. 09 sec） Records：0 Duplicates：0 Warnings：0，此时我们再次使用 DESC 命令查看当前数据表 teacher 的结构，可以发现数据表 teacher 已经成功添加字段 age 到指定列之后（图 1-51 中绿色框中内容）。

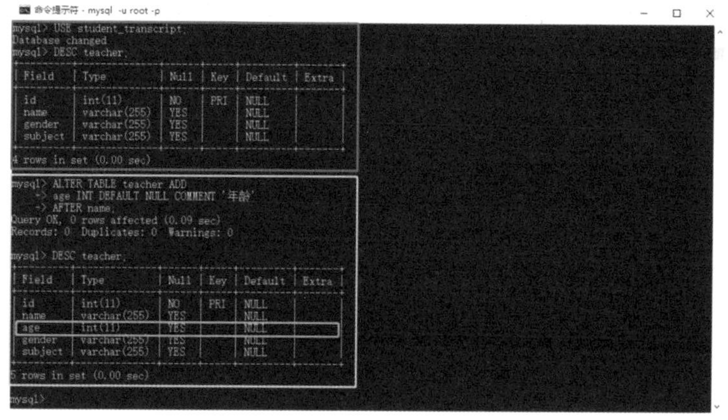


**图 1-51　添加字段到指定列之后**

### 1.8.5 MySQL 数据库数据表删除表头（字段）

MySQL 中通过使用 ALTER TABLE 命令进行数据表表头即字段的删除，其语法格式如下：

```
ALTER TABLE <表名> DROP <表头名称>;
```

语法中<表名>指的是想要删除的表头（字段）所在数据表的名称，<表头名称>为想要删除的表头（字段）名称。删除表头（字段）后会连带着字段当中已有的数据一起删除，并且在没有备份的情况下删除不能恢复，因此建议在执行删除命令之前要经过慎重考虑。

例如，我们想要将学生成绩信息数据库中的教师信息表即数据表 teacher 中的上述新增的 age 字段一列删除。在执行删除命令之前，我们先使用选择数据库命令选择学生成绩信息数据库，然后使用 DESC 命令查看当前数据表 teacher 的结构，如图 1-52 中红色框中部分所示。随后使用 ALTER TABLE 命令将数据表 teacher 中的 age 字段删除，其 SQL 命令语句如下：

```
ALTER TABLE teacher DROP age;
```

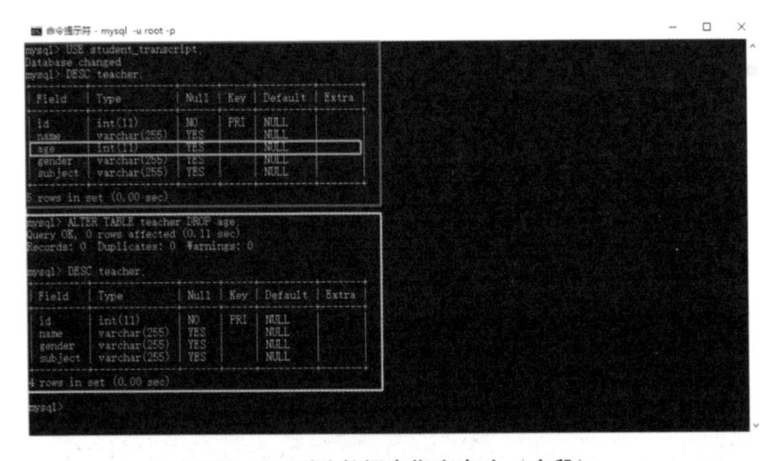


**图 1-52 删除数据表指定表头（字段）**

上述 SQL 命令语句执行成功后，系统会给出提示 Query OK，0 rows affected（0.11 sec）Records：0 Duplicates：0 Warnings：0，此时我们再次使用 DESC 命令查看当前数据表 teacher 的结构，通过比较图 1-52 中绿色框中的内容可以发现，数据表 teacher 中的 age 字段已经被成功删除。

### 1.8.6 MySQL 数据库数据表删除外键约束

在数据库建设时，如果不再需要创建数据表定义的外键，则可以将其删除。

外键一旦删除，就会解除两个表格之间的关联关系。同时，如果想要删除某个被外键关联的主数据表，也必须先删除与之关联的从数据表中的外键，解除主、从表格之间的关联之后才能够成功删除主数据表。MySQL 中删除外键约束的语法格式如下：

```
ALTER TABLE <表名> DROP FOREIGN KEY <外键约束名>;
```

上述语法中的<表名>指的是想要删除外键约束的数据表的名称，<外键约束名>指的是在创建数据表时创建外键命令语句 CONSTRAINT 关键字后面跟随的参数，详细内容可参考 1.1.2 节中关于外键的描述。

例如，我们首先在学生成绩信息数据库中创建数据表“test_table”，创建“teacher_id”外键列关联到数据表 teacher 的主键 id，将此外键的约束名定为“pk_teacher”。其 SQL 命令语句如下：

```
CREATE TABLE `test_table` (
`id` int(11) NOT NULL AUTO_INCREMENT,
`teacher_id` int(11) DEFAULT NULL COMMENT '教师 id',
PRIMARY KEY (`id`),
CONSTRAINT `pk_teacher` FOREIGN KEY (`teacher_id`) REFERENCES `teacher`
(`id`)
);
```

执行完上述 SQL 命令语句后，使用 SHOW CREATE TABLE 命令查看创建的数据表 test_table 的结构，如图 1-53 所示。从图 1-53 可以看到，已经成功创建数据表 test_table，并成功添加了表的外键，之后执行删除外键约束的 SQL 命令语句：

```
ALTER TABLE test_table DROP FOREIGN KEY pk_teacher;
```

执行完上述 SQL 命令语句后，系统会弹出提示 Query OK，0 rows affected (0.01 sec) Records：0 Duplicates：0 Warnings：0，如图 1-54 所示。此时，使用 SHOW CREATE TABLE 命令查看数据表 test_table 的结构。对比图 1-53 中绿色框中的内容可以看到，数据表 test_table 中已经不含有 FOREIGN KEY，原来的命名为 pk_teacher 的外键约束已经被成功删除。

```
命令提示符 - mysql -u root -p
mysql> USE student_transcript;
Database changed
mysql> CREATE TABLE `test_table` (
    -> `id` int(11) NOT NULL AUTO_INCREMENT,
    -> `teacher_id` int(11) DEFAULT NULL COMMENT '教师id',
    -> PRIMARY KEY (`id`),
    -> CONSTRAINT `pk_teacher` FOREIGN KEY (`teacher_id`) REFERENCES `teacher` (`id`)
    -> );
Query OK, 0 rows affected (0.02 sec)

mysql> SHOW CREATE TABLE test_table\G;
*************************** 1. row ***************************
       Table: test_table
Create Table: CREATE TABLE `test_table` (
  `id` int(11) NOT NULL AUTO_INCREMENT,
  `teacher_id` int(11) DEFAULT NULL COMMENT '教师id',
  PRIMARY KEY (`id`),
  KEY `pk_teacher` (`teacher_id`),
  CONSTRAINT `pk_teacher` FOREIGN KEY (`teacher_id`) REFERENCES `teacher` (`id`)
) ENGINE=InnoDB DEFAULT CHARSET=utf8mb4
1 row in set (0.00 sec)

ERROR:
No query specified

mysql>
```

**图 1-53　创建含有外键的数据表 test_table**

```
命令提示符 - mysql -u root -p
mysql> ALTER TABLE test_table DROP FOREIGN KEY pk_teacher;
Query OK, 0 rows affected (0.01 sec)
Records: 0  Duplicates: 0  Warnings: 0

mysql> SHOW CREATE TABLE test_table\G;
*************************** 1. row ***************************
       Table: test_table
Create Table: CREATE TABLE `test_table` (
  `id` int(11) NOT NULL AUTO_INCREMENT,
  `teacher_id` int(11) DEFAULT NULL COMMENT '教师id',
  PRIMARY KEY (`id`),
  KEY `pk_teacher` (`teacher_id`)
) ENGINE=InnoDB DEFAULT CHARSET=utf8mb4
1 row in set (0.00 sec)

ERROR:
No query specified

mysql>
```

**图 1-54　删除数据表 test_table 的外键**

这里使用到的 SHOW CREATE TABLE 命令的功能为查看创建数据表时的 CREATE TABLE 命令语句，后面紧跟想要查看的数据表的表名，其语法格式如下：

```
SHOW CREATE TABLE <数据表名\G>;
```

需要注意的是，数据表名后要紧跟“\G”参数，这样可以使结果显示更加直观，易于查看。并且，此条命令不仅可以查看创建数据表时的 CREATE TABLE 命令语句，还可以查看存储引擎和字符编码。

## 1.9　MySQL 数据库数据表删除

只有在确定想要删除数据表并且以后不会再使用时，才可以执行删除数据表命令。删除数据表是将相关数据表和表中所有数据从数据库中永久抹除，若前期没有备份则不能恢复，因此执行此操作需要慎重。

### 1.9.1　删除没有被关联的数据表

在 MySQL 数据库中，当要删除已有数据表，且此数据表没有被其他数据表关联时，首先需使用选择数据库命令选择需要删除数据表的数据库，而后使用 DROP TABLE 命令删除数据表，并且 DROP TABLE 命令可以一次性删除一个或多个没有被关联的数据表。其语法格式如下：

```
DROP TABLE <表名 1>, <表名 2>, …<表名 n>;
```

例如，我们先为学生成绩信息数据库创建一个名为 test_table_del 的测试删除命令的数据表，且不关联任何表格。随后使用 SHOW TABLES 命令查看创建的数据表（图 1-55）。使用 DROP TABLE 命令删除数据表 test_table_del，代码如下：

```
DROP TABLE test_table_del;
```

删除数据表成功后，系统会弹出提示 Query OK, 0 rows affected （0.01 sec）。然后继续使用 SHOW TABLES 命令查看数据表列表，可以发现 test_table_del已经被成功删除（图 1-56）。此时如果想要删除的数据库并不存在，再次使用 DROP DATABASE 命令，系统会弹出错误提示 ERROR 1051 （42S02）：Unknown table 'student_transcript. test_table_del'，即数据表 test_table_del 不存在（图 1-57）。如果在此处使用如下所示的 IF EXISTS 语句，则可以避免系统报出此类错误。

```
DROP table IF EXISTS test_table_del;
```

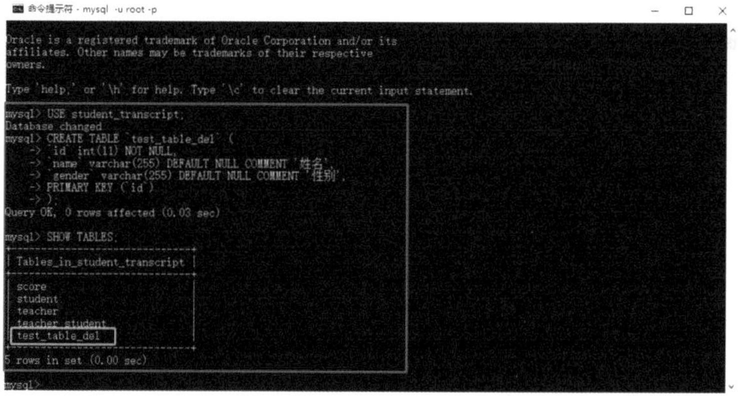

**图 1-55　创建数据表 test_table_del**

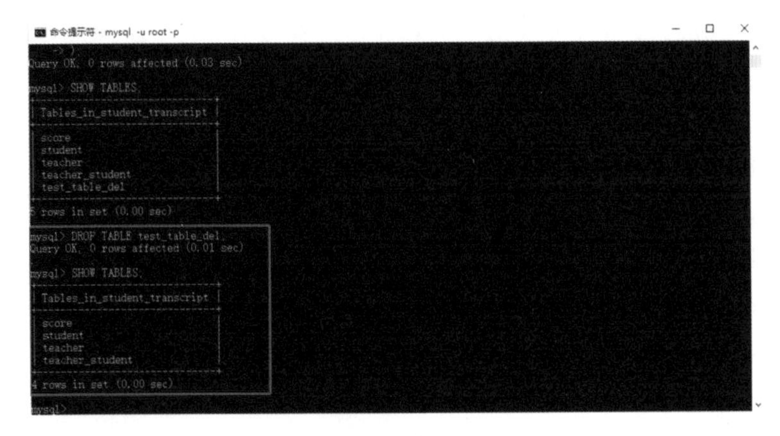


图 1-56　删除数据表 test_table_del

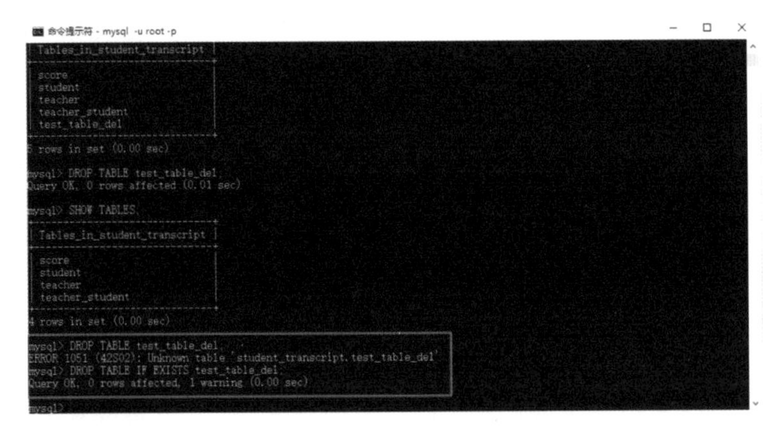


图 1-57　使用 IF EXISTS 语句删除不存在的数据表

### 1.9.2　删除存在关联的数据表主表

在数据表之间存在外键关联的情况下，如果直接对主表执行上述删除数据表操作，结果会显示删除失败，因为直接删除主表会破坏表的参照完整性。因此，想要删除存在外键关联的主表有两种办法：第一种是先删除与主表存在关联的从表，然后再删除主表，这样做会同时删除从表；如果想要保留从表中的数据、仅删除主表，则可以选用第二种，即先删除与主表存在外键关联的从表中的外键约束，然后再删除主表。

例如，在学生成绩信息数据库中创建两个相互关联的数据表，首先，创建数据表“main_table”作为主表，其 SQL 命令语句如下：

```
CREATE TABLE `main_table` (
`id` int(11) NOT NULL,
`name` varchar(255) DEFAULT NULL COMMENT '姓名',
```

```
PRIMARY KEY (`id`)
);
```

其次，创建数据表“follow_table”作为从表，其 SQL 命令语句如下：

```
CREATE TABLE `follow_table` (
`id` int(11) NOT NULL AUTO_INCREMENT,
`main_table_id` int(11) DEFAULT NULL COMMENT '主表 id',
PRIMARY KEY (`id`),
CONSTRAINT `pk_main_table` FOREIGN KEY (`main_table_id`) REFERENCES
`main_table` (`id`)
);
```

首先尝试使用 DROP TABLE 命令直接删除主表“main_table”，输入如下 SQL 命令语句：

```
DROP TABLE main_table;
```

如前所述，在存在外键约束时，直接删除主表系统会抛出错误提示 ERROR 1217（23000）：Cannot delete or update a parent row：a foreign key constraint fails，即不能直接删除主表（图 1-58）。

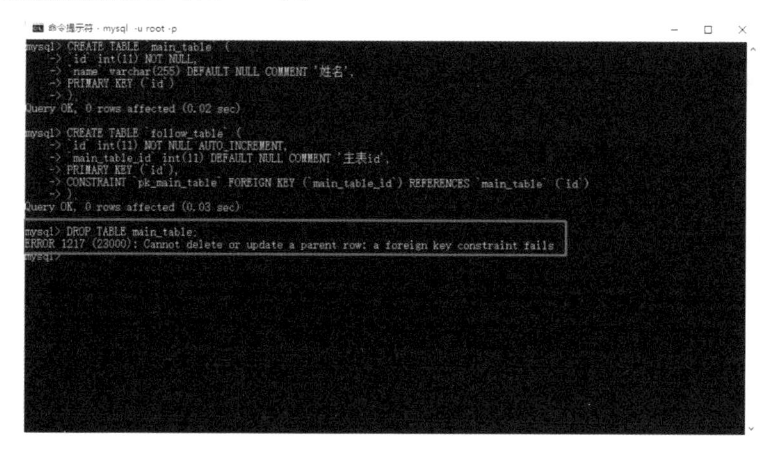


**图 1-58　删除主表示例 1**

此时，使用 ALTER TABLE 命令删除从表“follow_table”中的外键约束，输入如下 SQL 命令语句：

```
ALTER TABLE follow_table DROP FOREIGN KEY pk_main_table;
```

删除外键约束的 SQL 命令语句执行成功后，数据表 main_table 和数据表 follow_table之间的关联关系被取消，此时可以输入之前的删除主表的 SQL 命令语句：

```
DROP TABLE main_table;
```

此时系统抛出提示 Query OK，0 rows affected（0.01 sec），即数据表删除成功。使用 SHOW TABLES 命令查看数据表列表可以发现，数据表“main_table”已经被成功删除（图 1-59）。

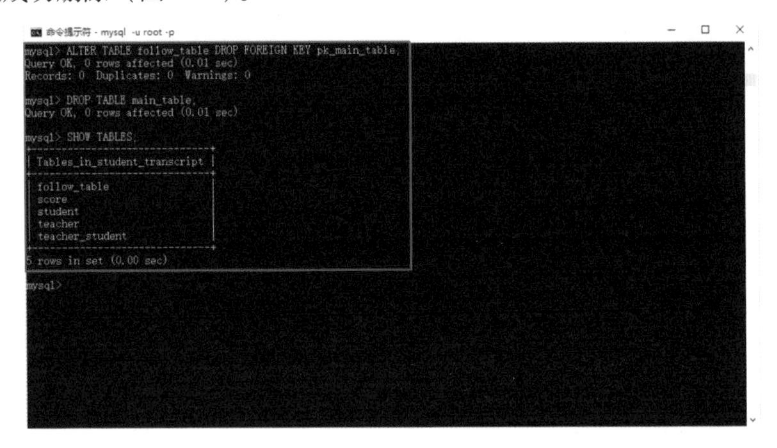


**图 1-59　删除主表示例 2**

## 1.10　MySQL 数据库数据的增、删、改

### 1.10.1　MySQL 数据库数据的增（插入数据）

在数据库和数据库中的数据表创建完成后，需要将数据插入数据表中。向数据表中插入数据使用的是 INSERT INTO 命令。常用的插入数据的方法有两种。

一种是完全不指定表头，按照数据表中的表头顺序向数据表中的全部列插入数据。需要注意的是，此条命令中的 values 关键字后面跟随的值必须按照表头顺序进行排列，否则会出现插入的数据与表头描述不符的情况，并且值的个数必须和表头个数保持一致，若个数不一致，则系统会因为表头个数的不匹配而报错。插入数据命令的语法格式为：

```
INSERT INTO <表名> VALUES (value1, value2, value3, …, valueN);
```

上述语法中<表名>为指定要插入数据的数据表的表名（value1，value2，value3，…，valueN），为指定数据表中每个列对应的插入数据，数据之间使用逗号间隔开。需要注意，使用上述命令语句插入数据时，数据值的数量和顺序必须与该数据表的表头数量和顺序保持一致并且完整。若需要使用上述命令插入多行数据，则需要将每行数据使用小括号括起来，并且在不同行的小括号之间使用逗号间隔开。

例如，向学生成绩信息数据库的教师信息表中插入数据，首先需要使用选择数据库命令选择此数据库，根据表 1-10 中的设计内容得知数据表 teacher 的表头顺序依次为 id、name、gender 和 subject，因此在使用上述语句命令插入数据时需要遵循此表头顺序和数量。

使用 INSERT INTO 命令向此表中插入相关数据（图 1-60），总计需要插入 3 行数据，因此每行数据使用小括号括起来并用逗号间隔开。其 SQL 命令语句如下：

```
INSERT INTO teacher VALUES
(1, '张一一', '男', '语文'),
(2, '李二二', '女', '数学'),
(3, '王三三', '男', '英语');
```

上述插入数据的 SQL 命令语句执行完毕，数据插入成功后，系统会抛出提示 Query OK，3 rows affected（0.01 sec）Records：3 Duplicates：0 Warnings：0，此时我们使用 SELECT 命令查看这张表格的内容：

```
SELECT * FROM teacher;
```

图 1-60 中绿色框内容为刚刚插入的数据。

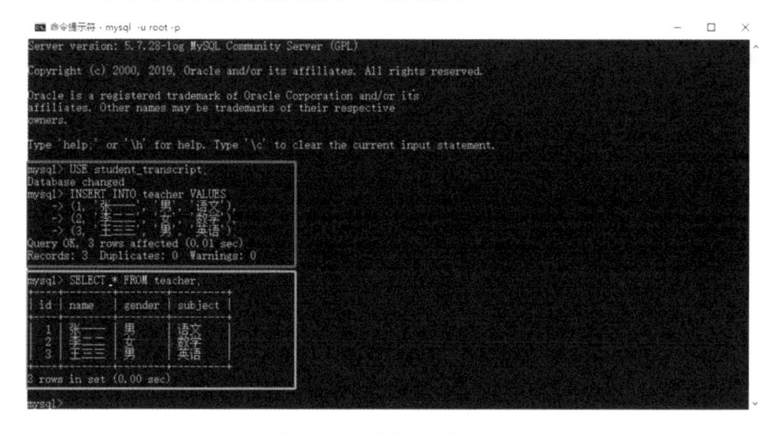


**图 1-60　插入数据方法 1**

此时如果想要在数据表中插入一条指定的表头信息，则可以使用第二种插入数据的方法，即指定表头的方式。其语法格式为：

```
INSERT INTO <表名>
(header1, header2, header3, …, headerN)
```

```
VALUES
(value1, value2, value3, …, valueN);
```

上述语法中，<表名>为指定要插入数据的数据表的表名，（header1，header2，header3，…，headerN）为指定数据表中每个列对应的表头，表头之间使用逗号间隔开；（value1，value2，value3，…，valueN）为指定数据表中每个列对应的插入数据，数据之间使用逗号间隔开。这里的（header1，header2，header3，…，headerN）中的表头顺序可以不是数据表中的表头顺序，只需要保证后面插入数据的顺序与这里的表头顺序一致即可；并且，使用这种格式的插入数据命令插入数据时，可以指定某几个表头进行数据插入，剩余没有指定的表头系统会自动插入默认值以补充未指定表头的数据。若需要使用上述插入数据命令插入多行数据，则需要将每行数据用小括号括起来，在不同行的小括号之间使用逗号间隔开。

例如，我们想要在教师信息表中插入 3 行数据，其中姓名分别为刘四四和陈五五、马六六，性别分别为女、男、男，其他列均为默认值的信息，其 SQL 命令语句如下：

```
INSERT INTO teacher
(gender, name)
VALUES
('女', '刘四四'),
('男', '陈五五'),
('男', '马六六');
```

上述插入数据 SQL 命令语句执行完毕即数据插入成功后，系统会抛出提示 Query OK，3 rows affected（0.00 sec）Records：3 Duplicates：0 Warnings：0，此时使用 SELECT 命令查看这张表格的内容可以看到插入了 3 行新的数据，图 1-61 中绿色框中的内容为刚刚插入的数据。除了我们指定的姓名和性别，由于 id 是主键，因此自增且自动添加了整数 4、5、6，而科目则自动使用默认的空值。我们使用上述命令插入数据时并没有按照数据表中表头的顺序进行，只需保证插入数值的顺序与列出的表头顺序一致即可。

在这里我们使用得到的 SELECT 命令为查询数据命令，详见 1.11 MySQL 数据库数据的查（查询数据）。注意，在插入数据时，要保证每个插入的数值的数据类型与对应列规定的数据类型一致，否则数据无法插入并且 MySQL 会产生错误。从上述插入数据的 SQL 命令语句的对比中可以看出，一个同时插入多行数据的单条 INSERT 语句的应用效果等同于多条插入单行数据的 INSERT 语句，并且其处理过程的效率更高，因此建议在使用 MySQL 插入多行数据时使用单条 INSERT 语句的方式。

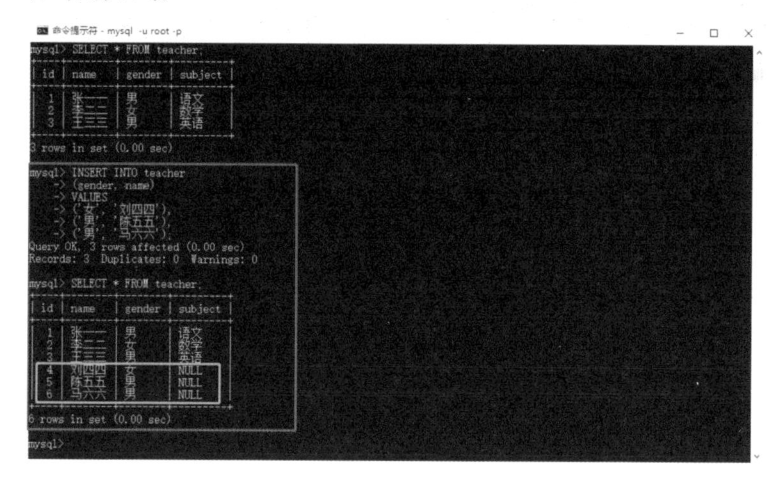


**图 1-61　插入数据方法 2**

### 1.10.2　MySQL 数据库数据的删（删除数据）

在向数据表中插入数据错误时，可以采用数据修改或者数据删除以重新插入的方式进行调整。在 MySQL 数据库中，可以使用 DELETE 命令删除数据表中的一行或者多行数据。数据删除后无法自动恢复，因此执行此操作前需要慎重！

删除表格中数据的命令语法格式如下：

```
DELETE FROM <表名> WHERE [表达式];
```

其中，<表名>为想要执行删除数据操作的数据表的名称，WHERE 条件语句为可选项，是用来限定条件的。当使用 WHERE 条件语句时，删除的是表格中的 WHERE 后的表达式指定的符合条件的数据（关于 WHERE 条件语句的使用描述，详见 1.11.3 MySQL 的条件查询）。当删除命令中不使用 WHERE 条件语句时，DELETE 命令会删除数据表中的所有数据记录。

例如，首先使用选择数据库命令选择学生成绩信息数据库，使用 SELECT 命令查看教师信息表中的所有内容，随后使用如下 DELETE 命令语句删除表中 id 为 6 的数据行：

```
DELETE FROM teacher WHERE id = 6;
```

上述删除数据 SQL 命令语句执行完毕即数据删除后，系统会抛出提示 Query OK，1 row affected（0.00 sec），随后可以继续使用 SELECT 命令查看教师信息表中的所有内容，可以看到此数据行已被成功删除（图 1-62）。

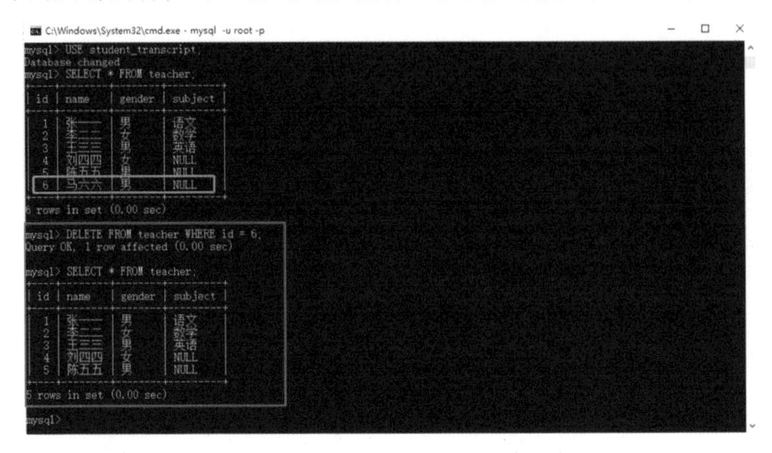


**图 1-62　删除 id 为 6 的数据行**

此外，DELETE 命令可以实现多条记录的同时删除。例如，删除学生成绩信息数据库中数据表 teacher 中 id 为 4 和 5 的数据行，使用 WHERE 条件语句，并使用 BETWEEN 关键字限制范围条件。其 SQL 命令语句如下：

```
DELETE FROM teacher WHERE id BETWEEN 4 AND 5;
```

上述删除数据 SQL 命令语句执行完毕即数据删除后，系统会抛出提示 Query OK，2 rows affected（0.00 sec），随后可以继续使用 SELECT 命令查看教师信息表中的所有内容，可以看到，此数据行已被成功删除（图 1-63）。

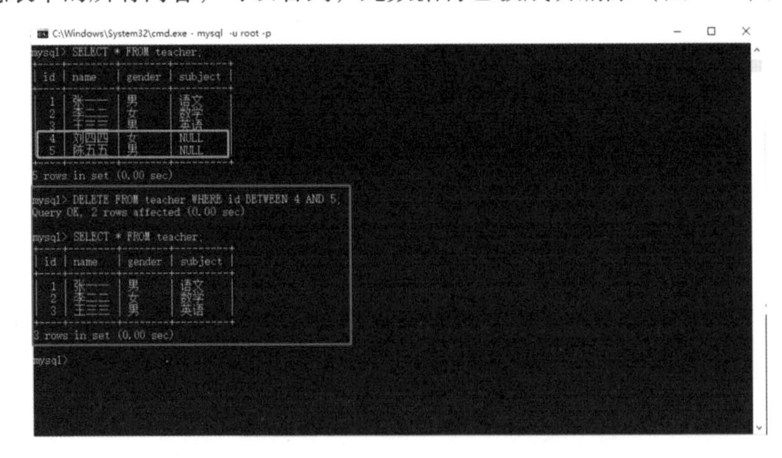


**图 1-63　删除 id 为 4 和 5 的数据行**

若此时不使用 WHERE 条件语句限定条件，整个教师信息表中的数据都会被删除（图 1-64）。

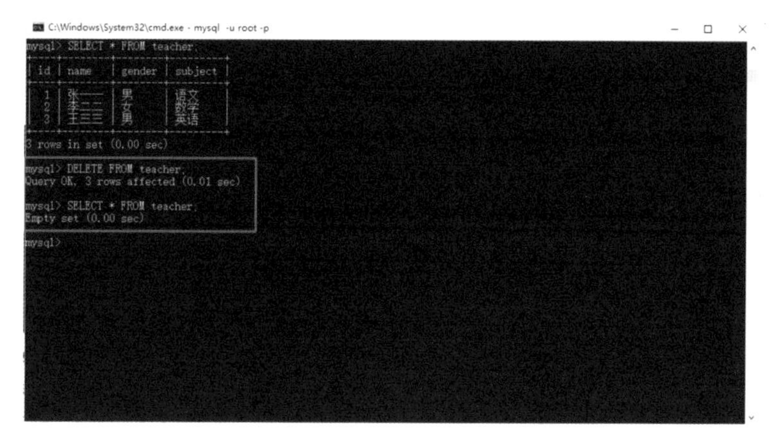


**图 1-64　删除表格中的所有数据**

当要直接删除整张数据表中的所有数据时，除了上述方法，还可以使用 TRUNCATE 命令。此命令会直接删除一个数据表中的所有数据行，并且能够针对具有自增条件约束的字段做计数充值归零重新开始计算。其与不带 WHERE 条件语句的 DELETE 命令功能相同，区别是速度比 DELETE 命令更快，且占用系统资源更少。TRUNCATE 命令语法格式如下：

```
TRUNCATE TABLE <表名>;
```

### 1.10.3　MySQL 数据库数据的改（修改数据）

前面讲到，如果在向表格中插入数据错误时，除了使用删除数据命令后重新插入的方法，还可以使用修改命令对错误数据进行调整。在 MySQL 数据库中，数据表中的数据修改可以使用 UPDATE 命令，以此来修改表格中的一条或多条数据。其语法格式为：

```
UPDATE <表名> SET
<表头 1> = [新值 1],
<表头 2> = [新值 2],
…,
<表头 n> = [新值 n]
WHERE <表头> = [某值];
```

其中，<表名>为想要执行修改数据操作的数据表的名称，<表头 1>，<表头 2>，…，<表头 n>为指定更新列的表头名称，而［新值 1］，［新值 2］，…，［新值 n］为相对应指定列中的更新值。修改指定的多列时，每个“<表头> = ［新值］”对之间使用逗号隔开，最后一列不需要逗号。WHERE 条件语句为可选项，是用来限定条件的。当使用 WHERE 条件语句时，修改的是表格中 WHERE

后的表达式指定的符合条件的数据；当不使用 WHERE 条件语句时，修改的是表格中指定表头一列的所有数据。

例如，首先使用选择数据库命令选择学生成绩信息数据库，使用 SELECT 命令查看教师信息表中的所有内容，随后使用 UPDATE 命令修改数据表 teacher 中性别即表头为 gender 一列数据为“女”，科目即表头为 subject 一列数据为“生物”。其 SQL 命令语句如下：

```
UPDATE teacher SET
gender = '女',
subject = '生物';
```

上述修改数据 SQL 命令语句执行完毕即数据修改后，系统会抛出提示 Query OK，3 rows affected （0.01 sec） Rows matched：3 Changed：3 Warnings：0，随后可以继续使用 SELECT 命令查看教师信息表中的所有内容观察到 gender 列的数据已经被全部修改为“女”，subject 列的数据已经被全部修改为“生物”（图 1-65）。

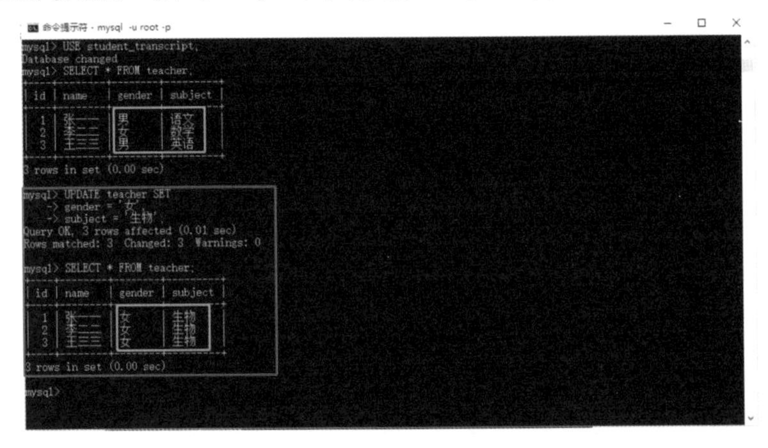


**图 1-65　修改数据表整列数据**

若只想修改数据表中其中一个或几个指定的行中指定表头的数据，则可以使用 WHERE 条件语句限定修改条件。例如，我们想将已经修改过一次的数据表 teacher 中 id 为 2 的性别修改为“男”，科目修改为“历史”，则相应的 SQL 命令语句如下：

```
UPDATE teacher SET
subject = '历史',
gender = '男'
WHERE id = 2;
```

上述修改数据 SQL 命令语句执行完毕即数据修改后，系统会抛出提示

Query OK，1 row affected（0. 00 sec）Rows matched：1 Changed：1 Warnings：0，随后可以继续使用 SELECT 命令查看教师信息表中的所有内容，可以看到此数据行已被成功修改（图 1-66）。通过上述 SQL 命令语句可以看出，在指定表头修改数据时不需要按照表头定义的顺序，只需要保证修改值的顺序与我们列出的想要修改的表头的顺序一致即可。

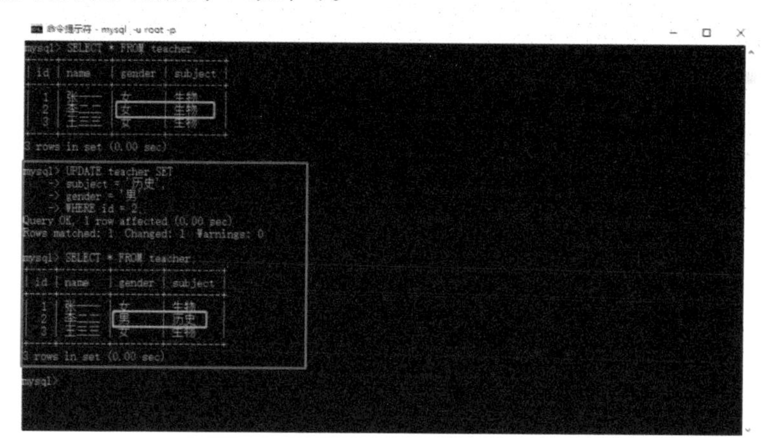


**图 1-66　修改单条指定数据行**

同时，UPDATE 命令可以实现限定范围内多条记录的同时修改，即在 UPDATE 命令中使用 WHERE 条件语句，并以 BETWEEN 关键字进行范围限定。例如，修改学生成绩信息数据库中数据表 teacher 中 id 为 2 和 3 的 subject 为“化学”，具体的 SQL 命令语句如下：

```
UPDATE teacher SET
subject = '化学'
WHERE id BETWEEN 2 AND 3;
```

上述修改数据 SQL 命令语句执行完毕即数据修改后，系统会抛出提示 Query OK，2 rows affected（0. 00 sec）Rows matched：2 Changed：2 Warnings：0，随后继续使用 SELECT 命令查看教师信息表中的所有内容，可以看到，此数据行已被成功修改（图 1-67）。

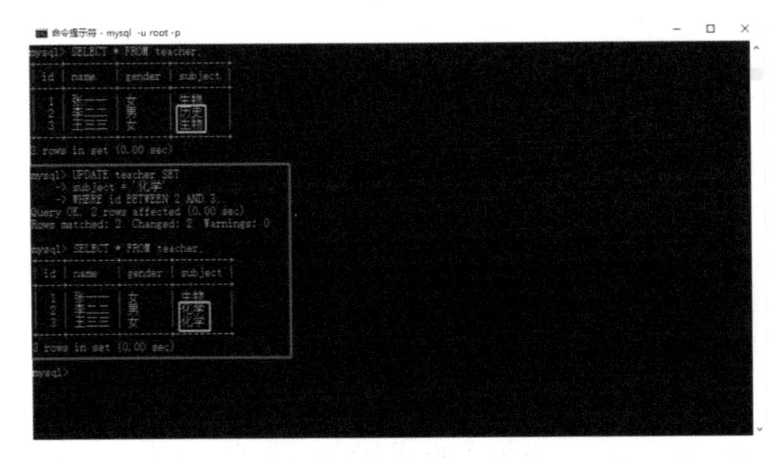


**图 1-67 修改多条指定数据行**

## 1.11 MySQL 数据库数据的查（查询数据）

### 1.11.1 MySQL 数据库的简单查询

相比于前面讲到的数据库的增、删、改，最常用到的功能是数据库的查，即查询数据。在 MySQL 数据库中，可以使用 SELECT 命令来实现数据的查询。MySQL 数据库支持各种形式的数据查询，可以根据各种不同需求设置限定条件以获取用户所需的数据。

SELECT 命令的基本语法格式如下：

```
SELECT <表头 1>, <表头 2>, …, <表头 n> FROM <表名>;
```

其中，<表头 1>，<表头 2>，…，<表头 n>指的是想要查询的列的表头，<表名>指的是想要查询数据的数据表名称。这里的<表头>可以是一个或多个，如果是多个则需要在<表头>中使用逗号隔开；注意最后一个表头后面无需加逗号。

例如，查询学生成绩信息数据库中的数据表 teacher 中所有任课教师的姓名，首先使用选择数据库命令选择学生成绩信息数据库，随后使用 SELECT 命令完成相应查询。其 SQL 查询命令语句如下：

```
SELECT name FROM teacher;
```

上述 SQL 查询命令语句执行完毕后，系统会输出 name 一列的所有数据，如图 1-68 所示。

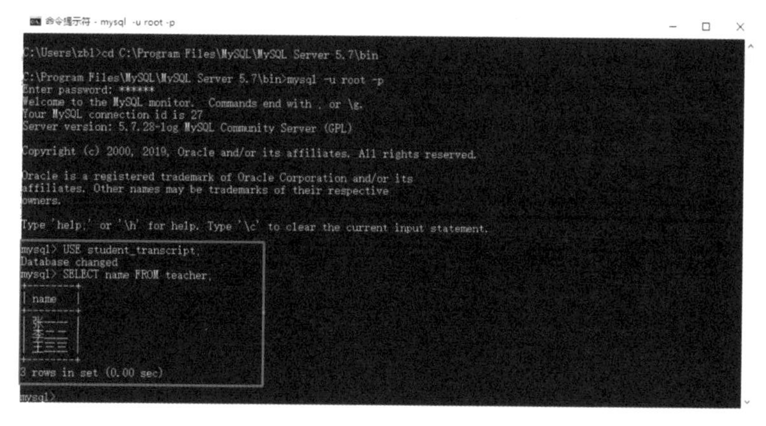


图 1-68　查询单个指定表头数据

如果在查询教师姓名的同时还想得到教师的性别及其对应的教授科目，只需在 SQL 查询命令语句中增加相应的表头：

```
SELECT name, subject, gender FROM teacher;
```

上述 SQL 查询命令语句执行完毕后，系统会输出 name、subject 和 gender 列的所有数据，如图 1-69 所示。对比查询命令语句和查询结果可以发现，查询结果列的输出顺序与查询命令语句中的表头顺序是一致的。

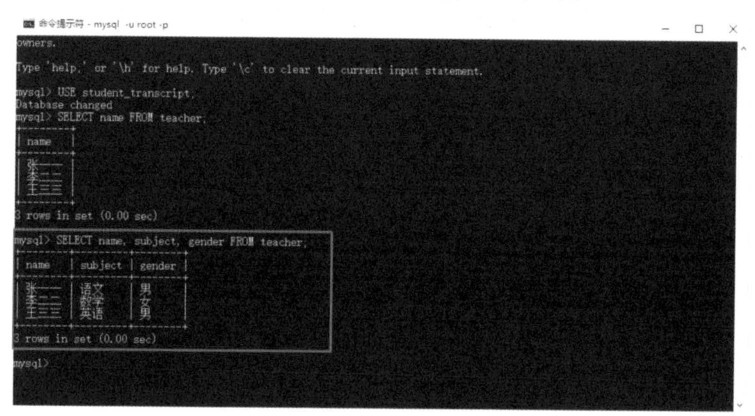


图 1-69　查询多个指定表头数据

在 MySQL 中，查询表格中的所有数据时并不需要将表格中的所有表头挨个列出来。MySQL 支持使用通配符“ * ”代替全部表头，意为全部。此通配符的查询在前文中有所提及，使用此通配符查询的结果与按顺序使用表格中所有表头查询的结果是一致的。

如查询学生成绩信息数据库中教师信息表的全部信息，首先，使用通配符

“*”进行查询，SQL 查询命令语句如下：

```
SELECT * FROM teacher;
```

其次，按顺序使用数据表 teacher 中的所有表头进行查询，SQL 查询命令语句如下：

```
SELECT id, name, gender, subject FROM teacher;
```

使用通配符“*”查询的 teacher 数据表的结果为图 1-70 中红色框中的内容，按顺序使用数据表 teacher 中的所有表头查询的结果为图 1-70 中绿色框中的内容。通过对比可以发现，两种查询命令语句的查询结果完全一致。需要注意的是，虽然使用通配符的方式查询数据表的全部数据可以节省输入 SQL 查询命令语句的时间，但是一般情况下，除非需要使用数据表中的所有数据，否则最好不使用，因为这样会获取到不需要的数据列，降低 MySQL 的查询效率。

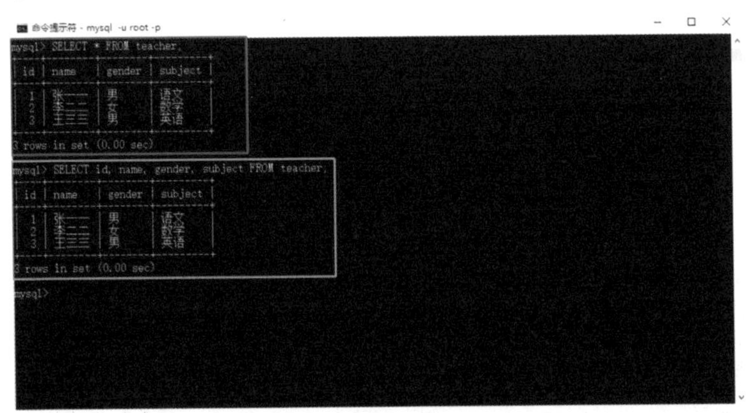


**图 1-70　查询表格中的所有数据**

### 1.11.2　MySQL 查询时设置别名的 AS 的用法

前文介绍了 MySQL 数据库的基本查询方法，当遇到 MySQL 数据表的名称过长或者需要执行一些特殊的查询命令语句时，为了能更加方便地多次调用此名称，可以使用 MySQL 提供的别名设置功能，即在查询命令语句中使用关键字 AS。为数据表设置别名的基本语法格式为：

```
表名 AS 表别名
```

例如，将学生成绩信息数据库中的教师信息表设置别名为 t，其 SQL 查询命令语句如下：

```
SELECT t.name, t.gender, t.subject FROM teacher AS t;
```

上述 SQL 查询命令语句执行完毕后，系统会输出 name、gender 和 subject 列的所有数据（图 1-71），并且上述 SQL 查询命令语句中将数据表 teacher 设置别名为 t，这样在调用时可以直接输入 t. <表头>代替 teacher. <表头>。在编写比较长的 SQL 查询命令语句或在进行多表格联合查询时，使用别名设置功能可以提高查询命令语句的编写效率，节省编写时间（相关多表联合查询将在后文具体讲述）。

**图 1-71　设置表名别名**

在执行 SQL 查询命令语句，当原始数据表的表头名称过长或者不够直观，想要缩短查询结果表头输出或使查询结果的表头输出显示更加直观时，同样可以使用 AS 实现数据表的表头别名显示。为数据表设置别名的基本语法格式为：

```
表头名 AS 表头别名
```

例如，查询学生成绩信息数据库中教师信息表的 name、gender、subject 数据时，将数据库中的 name、gender、subject 分别设置别名为姓名、性别、科目，其 SQL 查询命令语句如下：

```
SELECT name AS '姓名', gender AS '性别', subject AS '科目' FROM teacher;
```

上述 SQL 查询命令语句执行完毕后，系统会输出 name、gender 和 subject 列的所有数据（图 1-72），并且从该查询结果可以看出，系统已经将表头 name 转换为设置的别名“姓名”、表头 gender 转换为设置的别名“性别”、表头 subject 转换为设置的别名“科目”展示出来。

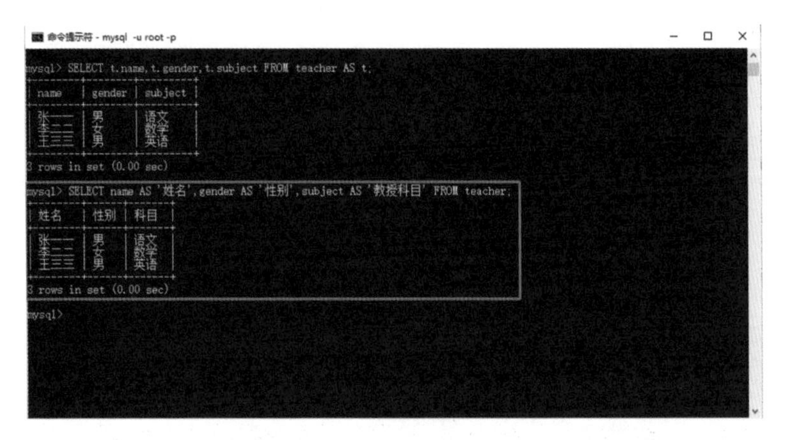


图 1-72 设置表头别名

需要注意的是，在执行查询命令语句时，数据表名的别名不会在返回结果中展示出来，但是数据表中表头的别名会在返回结果中展示出来，并且在导出查询结果时，如果给表头设置了别名则会以别名的方式存在于导出结果中。

### 1.11.3 MySQL 数据库的条件查询

在前文的讲述中，MySQL 的删除数据和修改数据的限定条件使用了 WHERE 条件语句。同样使用 MySQL 查询数据时，有时需要限定条件，此时同样需要用到 MySQL 中的 WHERE 条件语句。其语法格式如下：

```
SELECT <表头> FROM <表名> WHERE <表头> [运算符] [值];
```

MySQL 中 WHERE 条件语句用法的意义与程序中的 if 语句大致相同，都是用来判断是否符合条件的，因此需要搭配一定的比较运算符使用。常用的比较运算符见表 1-14。

表 1-14 MySQL 常用比较运算符

| 操作运算符 | 描述 |
| --- | --- |
| = | 等于 |
| != | 不等于 |
| < > | 不等于 |
| > | 大于 |
| < | 小于 |
| >= | 大于等于 |
| <= | 小于等于 |

使用学生成绩信息数据库，查询学生信息表中 student_number 为 1051 的学生学号和姓名，其相应的 SQL 查询命令语句如下：

```
SELECT student_number AS '学号', name AS '姓名' FROM student
WHERE student_number = 1051;
```

使用上述 SQL 查询命令语句从数据表 student 中提取学号为 1051 的学生学号和姓名，并分别给这两列设置别名，查询结果如图 1-73 中红色框中的内容所示，有 1 条符合条件的数据。

使用学生成绩信息数据库，查询学生信息表中 student_number 除了 1051 的学生学号和姓名，其相应的 SQL 查询命令语句如下：

```
SELECT student_number AS '学号', name AS '姓名' FROM student
WHERE student_number != 1051;
```

上述 SQL 查询命令语句中使用了“!=”运算符，使用上述 SQL 查询命令语句从学生信息表中提取 student_number 除了 1051 的学生学号和姓名，即查询排除学号等于 1051 的学生学号和姓名后输出查询结果，并分别给这两列设置别名，查询结果如图 1-73 中绿色框中的内容所示，结果共计查询出 12 条符合条件的数据。我们可以从上下两次查询结果的对比中发现，排除了学号为 1051 的学生“刘五”。

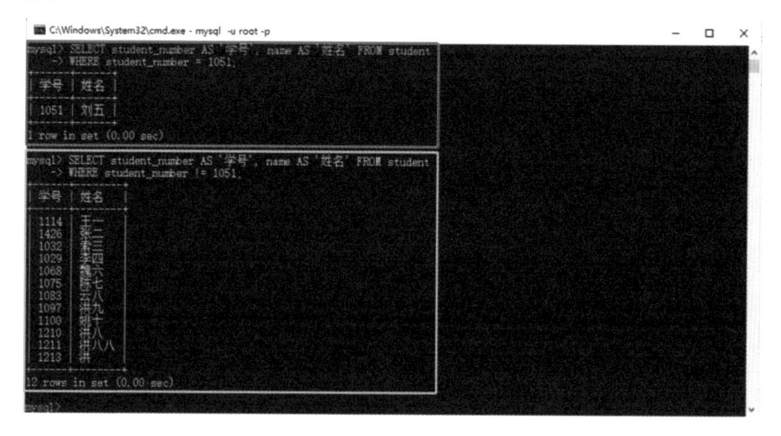


**图 1-73　条件查询示例 1**

同样的，表 1-14 的比较运算符中“不等于”运算符除了上述使用的“!=”，还有“<>”，如下 SQL 查询命令语句就使用了此运算符查询学生信息表中 student_number 除了 1051 的学生学号和姓名：

```
SELECT student_number AS '学号', name AS '姓名' FROM student
WHERE student_number <> 1051;
```

使用“<>”运算符的 SQL 查询命令语句，从学生信息表中提取 student_

number 除了 1051 的学生学号和姓名数据，并分别给这两列设置别名，结果如图 1-74中红色框中的内容所示，和使用“!=”运算符的结果完全一致，共计查询出 12 条符合条件的数据。

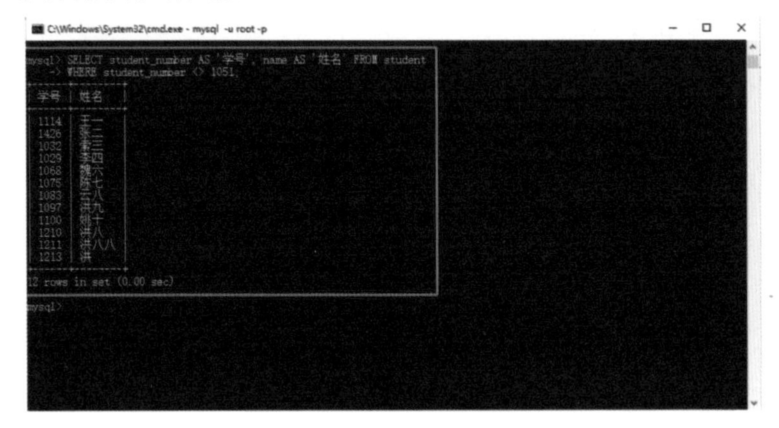


**图 1-74　条件查询示例 2**

使用学生成绩信息数据库，查询学生信息表中 student_number 大于 1100 的学生学号和姓名，相应的 SQL 查询命令语句如下：

```
SELECT student_number AS '学号', name AS '姓名' FROM student
WHERE student_number > 1100;
```

上述 SQL 查询命令语句使用了“>”运算符，旨在从学生信息表中获取 student_number大于 1100 的学生学号和姓名，并分别给这两列设置别名，查询结果如图 1-75 中红色框中的内容所示，共计查询出 5 条符合条件的数据。同样的，使用“<”运算符查询学生信息表中 student_number 小于 1100 的学生学号和姓名，相应的 SQL 查询命令语句如下：

```
SELECT student_number AS '学号', name AS '姓名' FROM student
WHERE student_number < 1100;
```

上述 SQL 查询命令语句旨在从学生信息表中获取 student_number 小于 1100 的学生学号和姓名，并分别给这两列设置别名，查询结果如图 1-75 中绿色框中的内容所示，共计查询出 7 条符合条件的数据。

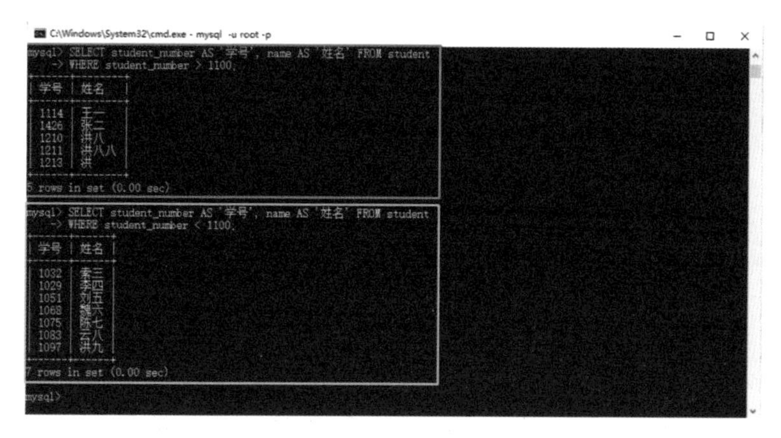


**图 1-75　条件查询示例 3**

使用学生成绩信息数据库查询学生信息表中 student_number 大于等于 1100 的学生学号和姓名，相应的 SQL 查询命令语句如下：

```
SELECT student_number AS '学号', name AS '姓名' FROM student
WHERE student_number >= 1100;
```

上述 SQL 查询命令语句使用了“>=”运算符，旨在从学生信息表中获取 student_number 大于等于 1100 的学生学号和姓名，其查询结果如图 1-76 中红色框中的内容所示，共计查询出 6 条符合条件的数据。相比图 1-75 中红色框中的内容，多出“姚十”这条学号等于 1100 的数据。同样的，使用“<=”运算符查询学生成绩信息数据库的学生信息表中 student_number 小于等于 1100 的学生学号和姓名，相应的 SQL 查询命令语句如下：

```
SELECT student_number AS '学号', name AS '姓名' FROM student
WHERE student_number <= 1100;
```

运行上述 SQL 查询命令语句得到的查询结果如图 1-76 中绿色框中的内容所示，共计查询出 8 条符合条件的数据，相比图 1-75 中绿色框中的内容，多出“姚十”这条学号等于 1100 的数据。

MySQL 数据库除了可以完成上述单一条件限制的查询，还可以完成组合条件的查询。组合条件的查询可以使用同一张数据表内的条件组合，也可以使用多张数据表内的条件组合。使用 WHERE 条件语句进行组合条件的查询时，需要用逻辑运算符来进行多条件组合。具体的逻辑运算符及相关用法描述见表 1-15。

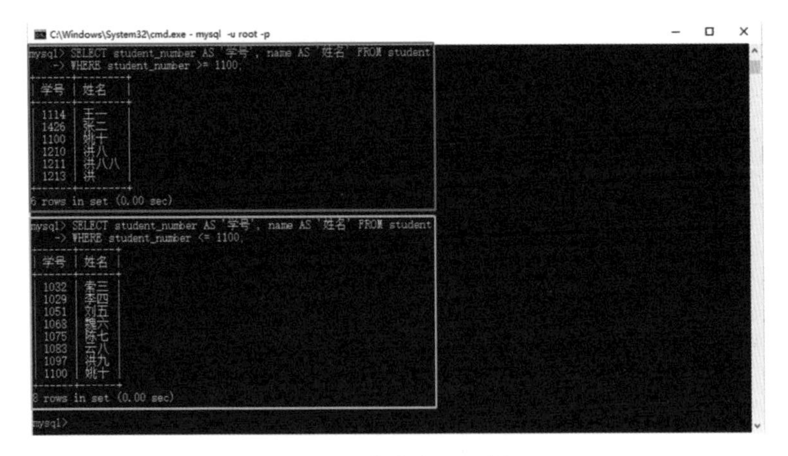


**图 1-76　条件查询示例 4**

**表 1-15　MySQL 逻辑运算符及相关用法描述**

| 逻辑运算符 | 相关用法描述 |
| --- | --- |
| AND | 当满足 AND 前后所有条件时才会被查询出来 |
| OR | 当满足 OR 前后任一条件时才会被查询出来 |
| BETWEEN | 常与 AND 搭配使用，当满足在指定范围内的条件时才会被查询出来（范围查询） |
| XOR | 当满足 XOR 其中一个条件并且不满足另外一个条件时才会被查询出来 |
| NOT | 逻辑非运算符，经常与 IN 和 NULL 搭配使用 |

例如，使用 AND 关键字查询学生成绩信息数据库的学生信息表中性别为男并且 student_number 小于 1100 的学生的所有信息，输入如下 SQL 查询命令语句：

```
SELECT * FROM student WHERE gender = '男' AND student_number < 1100;
```

上述相应的 SQL 查询命令语句首先从学生信息表中获取全部性别为男的学生的全部数据信息，而后从这些数据信息中筛选获取 student_number 小于 1100 的学生的全部数据信息，当同时符合上述两个条件时，查询结果才会返回展示出来，其查询结果如图 1-77 中红色框中的内容所示。这里举例仅使用到了一个 AND 关键字将两个过滤条件组合查询，实际查询中可以使用多个 AND 关键字进行多过滤条件的组合查询，每多出一个过滤条件则同时添加一个 AND 关键字即可。

与 AND 关键字相反，使用 OR 关键字进行查询时，只需满足 OR 关键字前后两个条件中任意一个时即可返回查询结果。例如，使用 OR 关键字查询学生成绩信息数据库的成绩表中语文成绩高于 85 分或者数学成绩高于 80 分的学生的所有信息，相应的 SQL 查询命令语句如下：

```
SELECT * FROM score WHERE language > 85 OR mathematics > 80;
```

上述 SQL 查询命令语句首先从数据表 score 中获取全部语文成绩高于 85 分的学生成绩的全部数据信息，而后又从数据表 score 中获取全部数学成绩高于 80 分的学生成绩的全部数据信息，随后将这两个查询数据信息结果组合起来返回展示出来。当完全符合上述两个条件中任意一个时，查询结果就会返回展示出来，其查询结果如图 1-77 中绿色框中的内容所示。

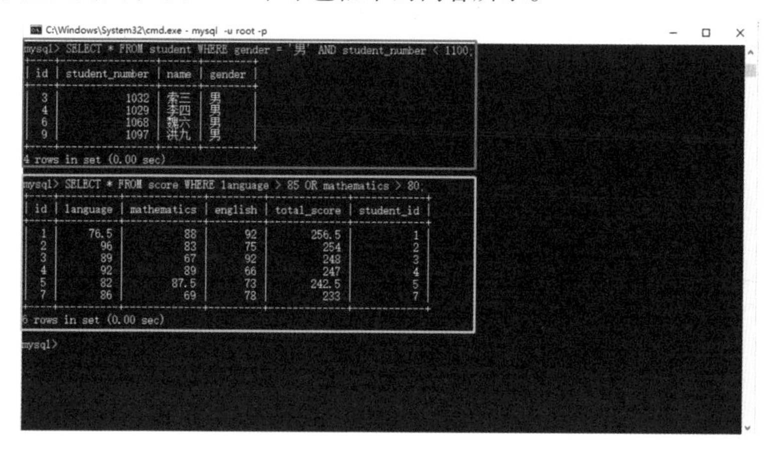


**图 1-77　条件查询示例 5**

使用学生成绩信息数据库中的数据表 student，查询 student_number 在 1000 到 1090 之间的学生学号、姓名和性别，具体的 SQL 查询命令语句如下：

```
SELECT student_number AS '学号', name AS '姓名', gender AS '性别' FROM student
WHERE student_number BETWEEN 1000 AND 1090;
```

上述 SQL 查询命令语句用到了操作运算符“BETWEEN AND”，返回查询结果包含了 student_number 从 1000 到 1090 的学生学号、姓名和性别，并分别为这 3 列数据的表头设置了别名，查询结果如图 1-78 中红色框中的内容所示，共计查询出 6 条符合条件的数据。

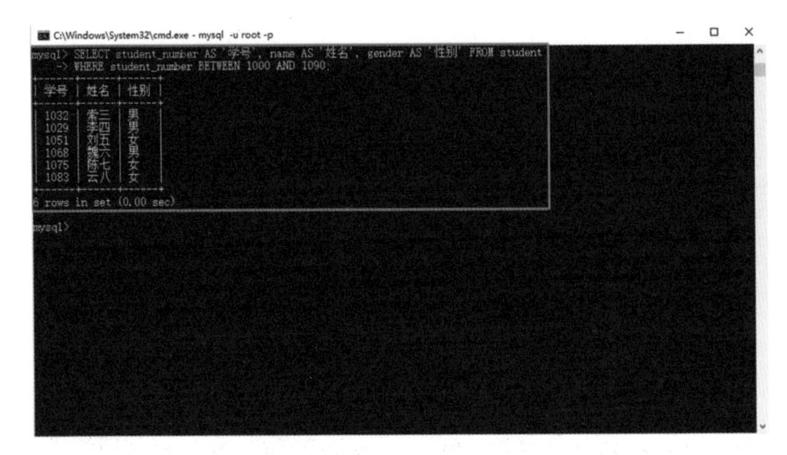


**图 1-78　条件查询示例 6**

使用 XOR 关键字查询成绩表中数学成绩低于 80 分、英语成绩高于 80 分或者数学成绩高于 80 分、英语成绩低于 80 分的学生的所有信息，相应的 SQL 查询命令语句如下：

```
SELECT * FROM score WHERE mathematics < 80 XOR english < 80;
```

使用上述 SQL 查询命令语句得到的查询结果如图 1-79 中红色框中的内容所示。可以看出，使用 XOR 关键字查询出的结果为当满足数学成绩低于 80 分时该学生的英语成绩并不低于 80 分（图 1-79 中 id 为 3、6 和 10 的数据行），而当满足英语成绩低于 80 分时该学生的数学成绩并不低于 80 分（图 1-79 中 id 为 2、4 和 5 的数据行）。

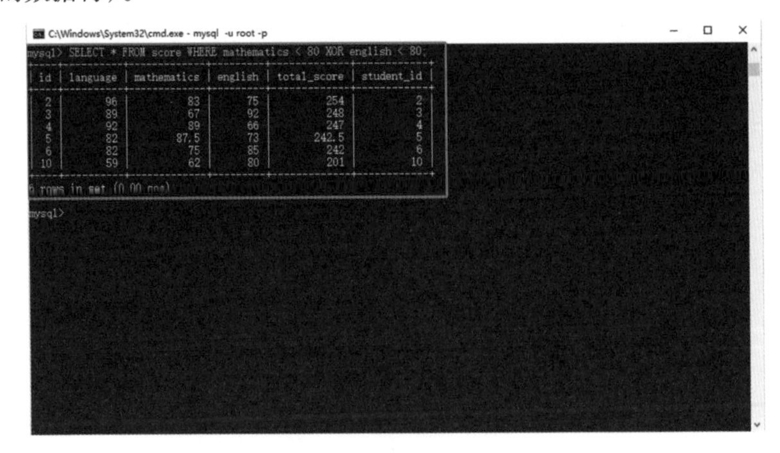


**图 1-79　条件查询示例 7**

使用 NOT IN 关键字查询语文成绩不等于 82、92、89、59 分的学生的语文成绩和英语成绩，SQL 查询命令语句如下：

```
SELECT id, language AS '语文成绩', english AS '英语成绩' FROM score
WHERE language NOT IN (82, 92, 89, 59);
```

可以去掉 NOT 关键字，仅使用 IN 关键字查询语文成绩等于 82、92、89、59 分的学生的语文成绩和英语成绩，SQL 查询命令语句如下：

```
SELECT id, language AS '语文成绩', english AS '英语成绩' FROM score
WHERE language IN (82, 92, 89, 59);
```

使用上述 SQL 查询命令语句得到的查询结果如图 1-80 所示，红色框中的内容为语文成绩不等于 82、92、89、59 分的学生的语文成绩和英语成绩，绿色框中的内容为语文成绩等于 82、92、89、59 分的学生的语文成绩和英语成绩。从这两个查询结果的对比中可以看出，使用 NOT IN 关键字得到的查询结果中，语文成绩并不包含上述 SQL 查询命令语句 WHERE 条件语句中的（82，92，89，59），而使用 IN 关键字得到的查询结果中，语文成绩完全包含上述 SQL 查询命令语句 WHERE 条件语句中的（82，92，89，59）。

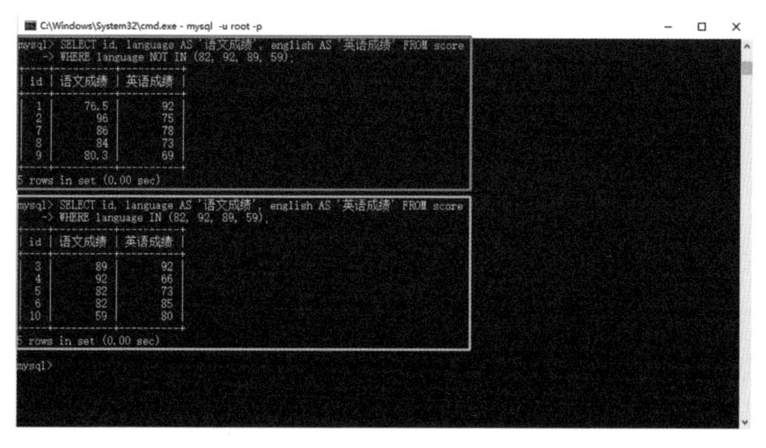


**图 1-80　条件查询示例 8**

在上述比较运算符和逻辑运算符当中是存在优先级的，运算符的优先级决定了不同的运算符在查询语句的表达式中执行运算的先后顺序。上述运算符的优先级顺序见表 1-16。一般情况下，级别高的运算符优先进行计算，如果级别相同，MySQL 按表达式的顺序从左到右依次计算。在无法确定优先级的情况下，可以使用英文圆括号“()”来改变优先级。

**表 1-16 运算符优先级**

| 优先级（由高到低） | 运算符 |
|---|---|
| 1 | =（赋值运算符） |
| 2 | OR |
| 3 | XOR |
| 4 | AND |
| 5 | NOT |
| 6 | BETWEEN |
| 7 | =（比较运算符）、>=、>、<=、<、<>、!= |

### 1.11.4 MySQL 数据库的连接查询

连接是关系型数据库的主要特点，前文讲到的查询数据都是在一个表中进行的，在实际操作中往往需要从两个或更多个表中获取结果，此时就需要执行连接语句进行查询。数据库中每个表都有一个主键列，在这个列中，每一行的值都是唯一的。而数据库中的表格之间是通过引用主表格的主键作为从表格的外键的方式将彼此联系起来的，这样做的目的是在不重复每个表中的所有数据的情况下，把表间数据交叉捆绑在一起。

MySQL 数据库中的连接关键字主要分为 CROSS JOIN（交叉连接）、INNER JOIN（内连接）、LEFT JOIN（左连接）和 RIGHT JOIN（右连接）。其中，左连接和右连接仅是数据表格的前后顺序问题，因此可以直接使用左连接的关键字进行查询，通过修改数据表的前后顺序来达到以右连接的关键字查询的效果。其中最常用到的连接查询为内连接查询、左连接查询和右连接查询。

INNER JOIN（内连接）主要是通过设置一定的条件，获取两个表中符合条件的匹配关系的数据，并且在使用时可以省略 INNER，直接使用 JOIN 就可以完成相同的功能。如使用学生成绩信息数据库，连接学生信息表和成绩表，使用 JOIN 和 WHERE 条件语句查找语文成绩低于 80 分的学生姓名、语文成绩和总分，其相应的 SQL 查询命令语句如下：

```
SELECT a.name AS '学生姓名', b.language AS '语文成绩', b.total_score AS
'总分'
FROM student AS a
INNER JOIN score AS b on a.id = b.student_id
WHERE language < 80;
```

执行上述 SQL 查询命令语句，将学生信息表和成绩表以内连接的方式进行联合查询，并且将查询结果中的 3 列分别设置别名，得到的查询结果如图 1-81

中红色框中的内容所示。需要注意的是，上述命令是以 SELECT 语句为开始，WHERE 条件语句为结尾的，在中间插入的是内连接语句即 INNER JOIN 语句，并且搭配使用 INNER JOIN 语句和 ON 关键字，将两个表的主键和外键用 ON 关键字连接起来形成连接语句。

同样的，省略内连接中的 INNER 的 SQL 查询命令语句如下：

```
SELECT a.name AS '学生姓名', b.language AS '语文成绩', b.total_score AS
'总分'
FROM student AS a
JOIN score AS b on a.id = b.student_id
WHERE language < 80;
```

执行上述 SQL 查询命令语句得到的查询结果如图 1-81 中绿色框中的内容所示。对比可知，两次查询结果一致，因此在使用内连接查询时可以直接调用 JOIN 关键字，从而方便内连接语句的编辑和使用。

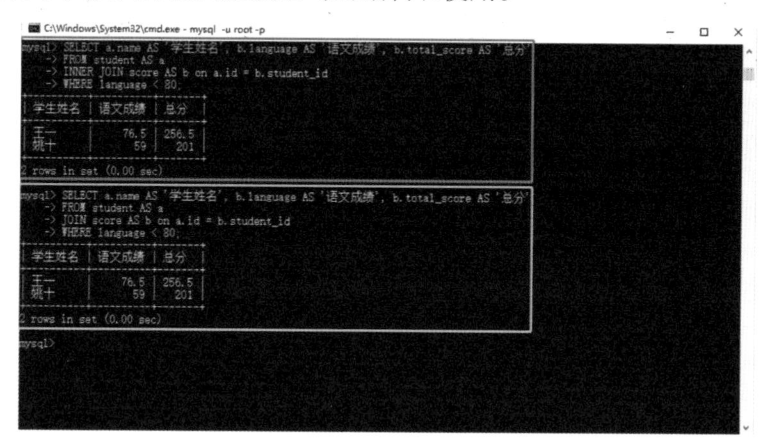


**图 1-81　内连接查询示例**

LEFT JOIN（左连接）主要是通过设置一定的条件，获取左边表格中的所有数据（即使右边表格中没有匹配关系的数据）。例如，对学生成绩信息数据库中的学生信息表和成绩表使用左连接查找所有学生的姓名和对应的总分，包括没有分数的学生。其 SQL 查询命令语句如下：

```
SELECT a.name AS '学生姓名', b.total_score AS '总分'
FROM student AS a
LEFT JOIN score AS b on a.id = b.student_id;
```

执行上述 SQL 查询命令语句，将学生信息表和成绩表以左连接的方式进行联合查询，并且将查询结果中的 2 列分别设置别名，得到的查询结果如图 1-82 中红色框中的内容所示。需要注意的是，上述命令是以 SELECT 语句作为开始的，由于没有设置限制条件，并没有使用 WHERE 条件语句，所以以 LEFT JOIN 语句作为结尾，并且搭配使用 LEFT JOIN 语句和 ON 关键字，将两个表的主键和外键用 ON 关键字连接起来形成连接语句。由图 1-82 中的查询结果可以看出，执行这个查询命令语句得到了所有学生的姓名，包含没有总分的学生的姓名。对于没有总分的学生，在总分一栏中使用默认的空值 NULL 代替。

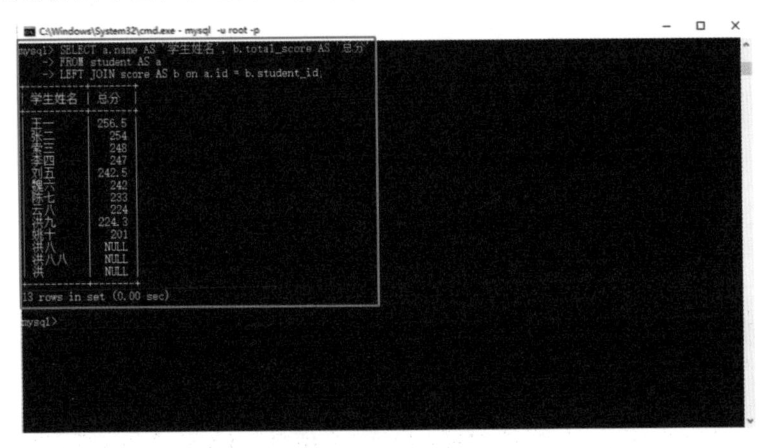


**图 1-82　左连接查询示例**

RIGHT JOIN（右连接）主要是通过设置一定的条件，获取右边表格中的所有数据，即使左边表格中没有匹配关系的数据。例如，对学生成绩信息数据库中的学生信息表和成绩表使用右连接查找所有学生的姓名和对应的总分，包括没有分数的学生。其 SQL 查询命令语句如下：

```
SELECT a.total_score AS '总分', b.name AS '学生姓名'
FROM score AS a
RIGHT JOIN student AS b on b.id = a.student_id;
```

执行上述 SQL 查询命令语句，将成绩表和学生信息表以右连接的方式进行联合查询，并且将查询结果中的 2 列分别设置别名，得到的查询结果如图 1-83 中红色框中的内容所示。需要注意的是，上述命令是以 SELECT 语句作为开始的，由于没有设置限制条件，因此并没有使用 WHERE 条件语句，所以以 RIGHT JOIN 语句作为结尾，并且搭配使用 RIGHT JOIN 语句和 ON 关键字，将两个表的主键和外键使用 ON 关键字连接起来形成连接语句。由图 1-83 中的查询结果可以看出，执行这个 SQL 查询命令语句得到了所有学生的姓名，包含没有总分的学生的姓名。对于没有总分的学生，在总分一栏中使用默认的空值 NULL 代替。

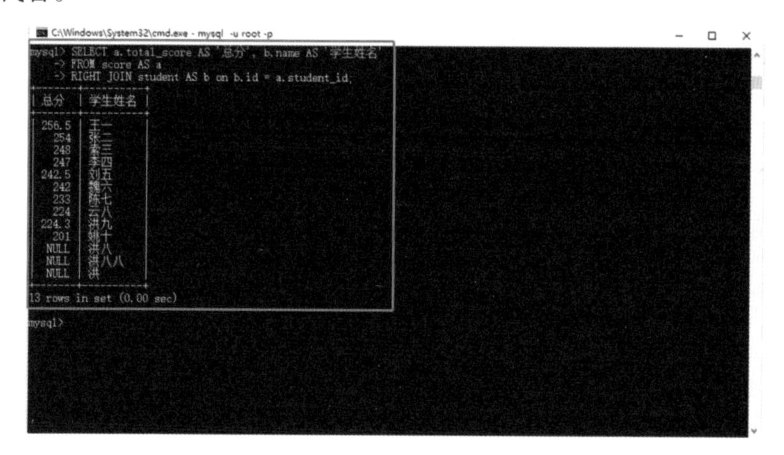


**图 1-83　右连接查询示例**

通过对比左连接和右连接的查询结果可以发现，这两种查询方式仅仅是将数据表左右排列顺序进行了改变，并没有改变查询结果数据的展示数量。由此可知，在实际查询应用中，仅熟练掌握左查询或右查询中的一种即可，除非需要更换查询列的顺序。

### 1.11.5　MySQL 数据库的分组查询

在使用 MySQL 数据库的查询功能时，有时需要根据一个表头对查询结果进行分组，以此方便用户观察查询结果。因此，MySQL 数据库提供了专用于分组查询的关键字即 GROUP BY。

MySQL 数据库使用 GROUP BY 的语法格式为：

```
GROUP BY <表头> [HAVING 表达式]
```

上述语法中，<表头>为想要进行分组的表头，其中的 HAVING 表达式为可选项，旨在对完成分组的结果限定过滤条件，符合条件的结果才会被展示出来。需要注意的是，HAVING 和 WHERE 都是作为限定条件过滤数据用的，其区别是 HAVING 是在查询、数据分组结果出来之后再对数据进行过滤，而 WHERE 是在数据分组之前就对其进行过滤，然后再对过滤结果进行分组；并且，WHERE 过滤掉的记录不再包括在后面的分组数据中。

当单独使用 GROUP BY 语句进行查询时，得到的结果只会给出每个分组中的第一条记录。例如，使用学生成绩信息数据库，以“性别”分组查询学生信息表的数据。其对应的 SQL 查询命令语句如下：

```
SELECT name AS '姓名', gender AS '性别' FROM student
GROUP BY gender;
```

执行上述 SQL 查询命令语句，并将查询出的两列表头分别设置别名，结果如图 1-84 中红色框中的内容所示。可以看到，该查询结果以“性别”进行分组，分为女和男两组，但是仅展示出分组为女的第一位学生姓名“刘五”和分组为男的第一位学生姓名“王一”。

此时的查询结果并不符合我们的要求，如果想要将每个分组的所有数据全部展示出来，需要搭配 GROUP_CONCAT () 函数，使用“性别”分组查询学生信息表的数据。其对应的 SQL 查询命令语句如下：

```
SELECT gender AS '性别', GROUP_CONCAT(name) AS '姓名' FROM student
GROUP BY gender;
```

上述 SQL 查询命令语句使用了 GROUP_CONCAT () 函数将 name 一列进行合并，即将查询结果中以“性别”进行分组后的每个分组内的每条数据合并到一起展示出来，并且将查询出的两列分别进行别名设置，得到的结果如图 1-84 中绿色框中的内容所示。由图 1-84 我们可以看到，以“性别”进行分组，查询结果被分为女和男两组，并且每一组的全部数据都出现在“姓名”一列中。

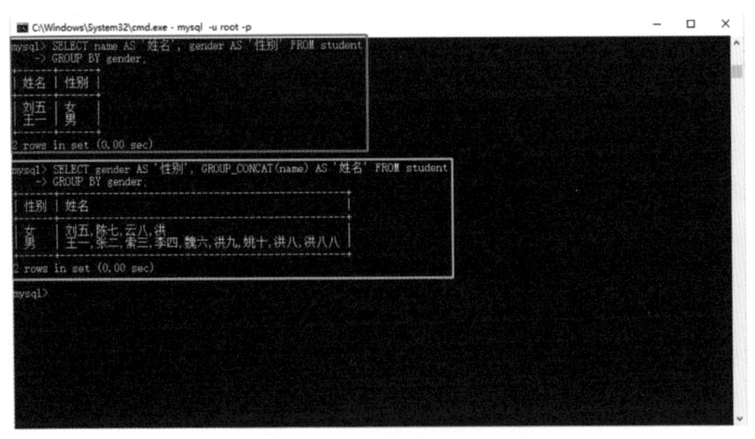


**图 1-84　分组查询示例 1**

同样的，在 GROUP BY 语句中，可以联合 WHERE 条件语句进行条件限定的分组查询。例如，使用学生成绩信息数据库中的数据表 student 查询学号小于 1100 的学生姓名，并且根据“性别”进行分组。其对应的 SQL 查询命令语句如下：

```
SELECT gender AS '性别', GROUP_CONCAT(name) AS '姓名' FROM student
WHERE student_number < 1100
GROUP BY gender;
```

上述 SQL 查询命令语句以 SELECT 语句作为开始，以 GROUP BY 语句作为结尾，在中间插入的是条件限定语句即 WHERE 条件语句。此语句首先执行的是条件限定语句，即首先查询出学号低于 1100 的学生姓名，再按照这个过滤后的结果使用 GROUP BY 语句进行分组。得到的结果如图 1-85 中红色框中的内容所示。

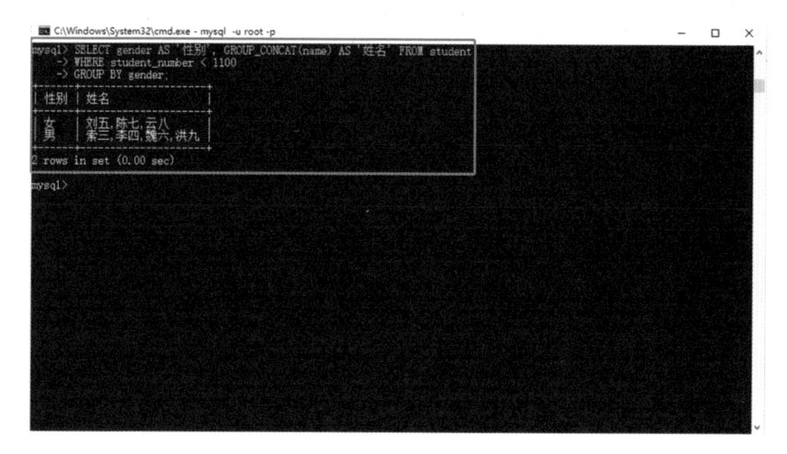


**图 1-85　分组查询示例 2**

使用 GROUP BY 语句联合 HAVING 语句进行分组条件限定查询。例如，使用学生成绩信息数据库的数据表 student，将其中的学生以“性别”进行分组，并且显示分组结果中人数大于 4 的信息。这需要用到 COUNT () 函数进行数量查询。其对应的 SQL 查询命令语句如下：

```
SELECT gender AS '性别', GROUP_CONCAT(name) AS '姓名' FROM student
GROUP BY gender
HAVING COUNT(name) > 4;
```

上述 SQL 查询命令语句是以 SELECT 语句作为开始，HAVING 语句作为结尾的，在中间插入的是分组查询语句即 GROUP BY 语句。此语句首先执行分组查询语句，即首先将数据表 student 中的学生按照“性别”进行分组，随后根据分组结果使用 COUNT () 函数进行相应的数量查询，最后执行 HAVING 语句返回符合条件的结果，得到的结果如图 1-86 中红色框中的内容所示。对比图 1-86 中绿色框中的内容，即没有使用 HAVING 语句进行条件限定的查询结果，该结果过滤掉了人数不大于 4 的女性分组。

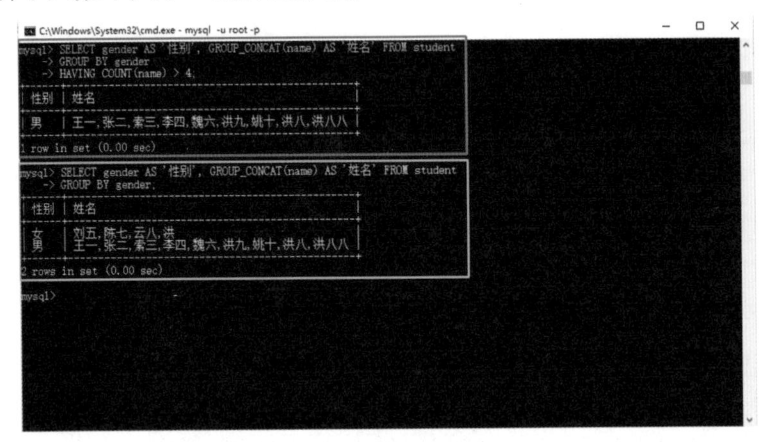


**图 1-86 分组查询示例 3**

GROUP BY 语句在实际运用中主要是和 MySQL 数据库中的聚合函数搭配使用的，如上述的 GROUP_CONCAT ()函数和 COUNT ()函数。其他常用的还有 MAX ()函数（用来查询最大值）、MIX ()函数（用来查询最小值）等。

同时，MySQL 数据库中的查询命令还可以与很多字符串函数、数值函数、日期和时间函数、流程控制函数等搭配使用，具体的函数和相关用法读者可以到 MySQL 的官网进行查询。

### 1.11.6 MySQL 数据库的子查询

实际操作中，我们通常需要将多表进行联合查询，除了可以使用前面讲到的连接查询，MySQL 还提供了一种更加方便的方法——子查询。子查询指的是将一个查询语句镶嵌到另一个查询语句中，先执行英文圆括号中的子查询语句，再执行父查询语句。一般来说，数据表的连接查询都可以使用子查询进行替换，但是有的子查询并不能使用数据表连接查询替换，由此来看，子查询具有灵活、方便、形式多样等特点，在查询过程中适合作为查询的筛选条件。并且，子查询通常可以巧妙地镶嵌在数据表的列转行查询中。

在实际运用中，MySQL 中的子查询经常出现在 WHERE 条件语句中，其语法格式为：

```
WHERE <表头>[表达式][操作符](子查询)
```

上述 WHERE 条件语句中，子查询前面添加了表达式或操作符，其中的操作符可以是各种比较运算符或 IN、NOT IN、EXISTS、NOT EXISTS、ANY、SOME、ALL 等关键字。例如，使用学生成绩信息数据库中的学生信息表和成绩表，通过子查询查询出语文成绩低于 80 分的学生的所有信息。其相应的 SQL 查询命令语句如下：

```
SELECT * FROM student
WHERE id IN
(SELECT student_id FROM score WHERE language < 80);
```

执行上述 SQL 查询命令语句得到的查询结果如图 1-87 中红色框中的内容所示。其首先执行了 SQL 查询命令语句中英文圆括号中的子查询语句，查询出语文成绩低于 80 分的学生 id，而后将此子查询结果带入外层查询当中执行外层查询，查询出 id 在子查询结果中的所有学生的信息。

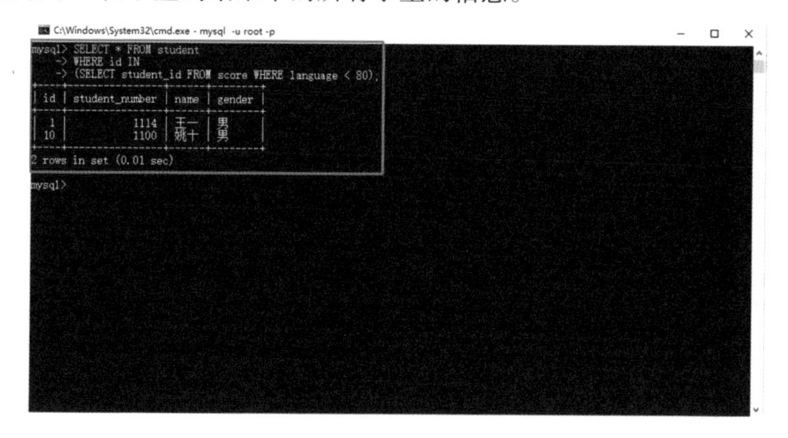


**图 1-87　子查询示例 1**

类似的例子，使用 NOT IN 关键字和子查询的方法查询出语文成绩高于 80 分的学生的所有信息，相应的 SQL 查询命令语句如下：

```
SELECT * FROM student
WHERE id NOT IN
(SELECT student_id FROM score WHERE language < 80);
```

执行上述 SQL 查询命令语句，得到查询结果如图 1-88 中红色框中的内容所示。由图 1-88 可以看出，其查询结果正好与图 1-87 相反。其是首先执行了 SQL 查询命令语句中英文圆括号中的子查询语句，查询出语文成绩低于 80 分的学生 id；而后将此子查询结果带入外层查询当中执行外层查询，查询出 id 不在子查询结果中的所有学生信息。

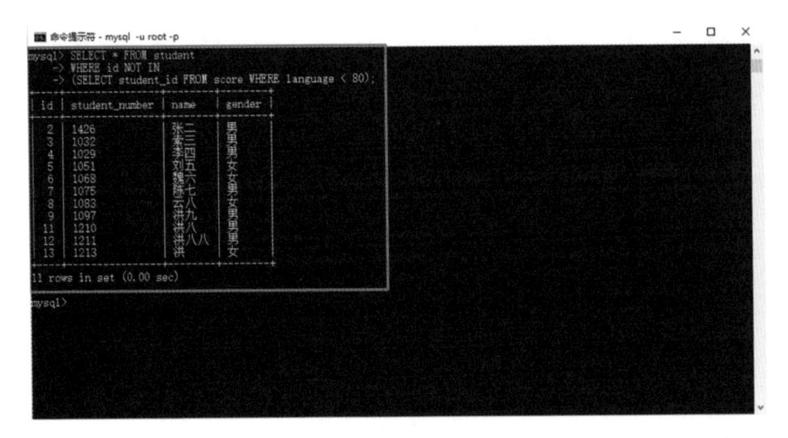


**图 1-88　子查询示例 2**

前面介绍了带有关键字的子查询，此外，还可以使用其他比较运算符，如“<”“>”“=”“!=”“<>”“<=”“>=”等。

例如，使用学生成绩信息数据库中的学生信息表和成绩表，以“=”比较运算符和子查询的方法查询出语文成绩等于 59 分的学生的所有信息。其相应的 SQL 查询命令语句如下：

```
SELECT * FROM student
WHERE id =
(SELECT student_id FROM score WHERE language = 59);
```

例如，使用学生成绩信息数据库中的学生信息表和成绩表，以“!=”比较运算符和子查询的方法查询出语文成绩不等于 59 分的学生的所有信息。其相应的 SQL 查询命令语句如下：

```
SELECT * FROM student
WHERE id !=
(SELECT student_id FROM score WHERE language = 59);
```

执行上述两条 SQL 查询命令语句，得到的查询结果如图 1-89 所示。图 1-89 中红色框中的内容为语文成绩等于 59 分的学生的信息查询结果，绿色框中的内容为语文成绩不等于 59 分的学生的信息查询结果。这两种方法的查询原理都是首先执行了查询命令中英文圆括号中的子查询语句，查询出语文成绩等于 59 分的学生 id，而后将此子查询结果带入外层查询当中执行外层查询，查询出 id 等于或不等于子查询结果中的所有学生的信息。

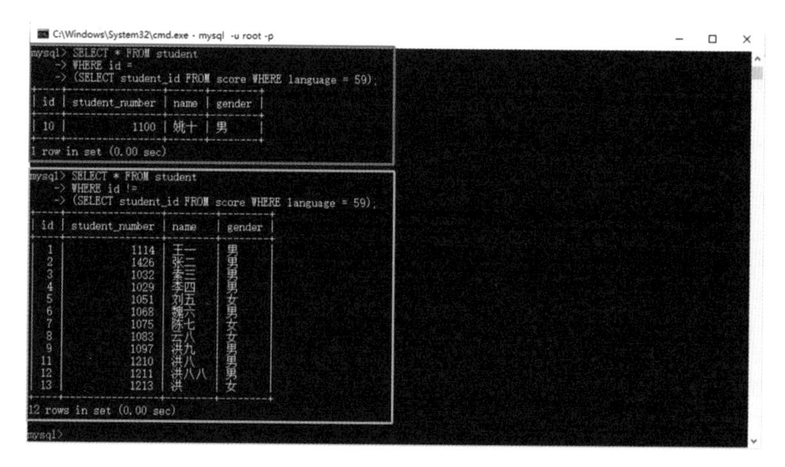


**图 1-89 子查询示例 3**

## 1.12 MySQL 数据库正则表达式

正则表达式是使用一定的字符代表某种模式来查询和替换某个符合相关模式的文本内容的一种模糊查询，根据指定的匹配模式匹配文本中符合要求的特殊字符串。MySQL 数据库的正则表达式的使用规则与编程语言中的正则表达式的用法大同小异，其基本的语法格式为：

```
WHERE <表头> REGEXP '匹配方式'
```

从上述语法中可以看到，MySQL 正则表达式同样是配合 WHERE 条件语句来使用的，其语句中的匹配方式表示以哪种方式进行匹配查询，因此匹配方式中需要用到很多不同模式的匹配字符，每一种匹配字符代表不同的含义。常用的 MySQL 正则表达式的匹配字符及说明见表 1-17。如果想知道更多的 MySQL 正则表达式的匹配字符及其相关用法，可以到 MySQL 的官网进行查询。

**表 1-17 常用的匹配字符及说明**

| 匹配字符 | 说　明 |
| --- | --- |
| ^ | 匹配输入文本的开始字符 |
| $ | 匹配输入文本的结束字符 |
| . | 匹配任意单个字符 |
| \| | 匹配此字符左右任一字符 |
| + | 匹配前面的字符 1 次或多次 |
| * | 匹配前面的字符 0 次或多次 |

用在实例中，如查询学生成绩信息数据库的学生信息表中以“11”开头的

学号的学生信息，在 SQL 查询命令语句中使用正则表达式的“^”匹配字符。该 SQL 查询命令语句如下：

```
SELECT * FROM student WHERE student_number REGEXP '^11';
```

执行上述 SQL 查询命令语句，得到的查询结果如图 1-90 中红色框中的内容所示，有两条结果即两个学生，这两个学生的学号分别为“1114”和“1100”，均是以“11”开头的学号。

查询学生信息表中以“八”字结尾的学生姓名的学生信息，在 SQL 查询命令语句中使用正则表达式的“$”匹配字符。该 SQL 查询命令语句如下：

```
SELECT * FROM student WHERE name REGEXP '八$';
```

执行上述 SQL 查询命令语句，得到的查询结果如图 1-90 中绿色框中的内容所示，有三条结果即三个学生，这三个学生的名字分别为“云八”、“洪八”和“洪八八”，均是以“八”字结尾的名字。

查询教师信息表中教师姓名中包含“张一”且“张一”字后面只有一个字符的教师信息，在 SQL 查询命令语句中使用正则表达式的“.”匹配字符。该 SQL 查询命令语句如下：

```
SELECT * FROM teacher WHERE name REGEXP '张一.';
```

执行上述 SQL 查询命令语句，得到的查询结果如图 1-90 中黄色框中的内容所示，有一条结果即一名教师，这名教师的名字为“张一一”，其名字是包含“张一”且“张一”字后面只有一个字符。

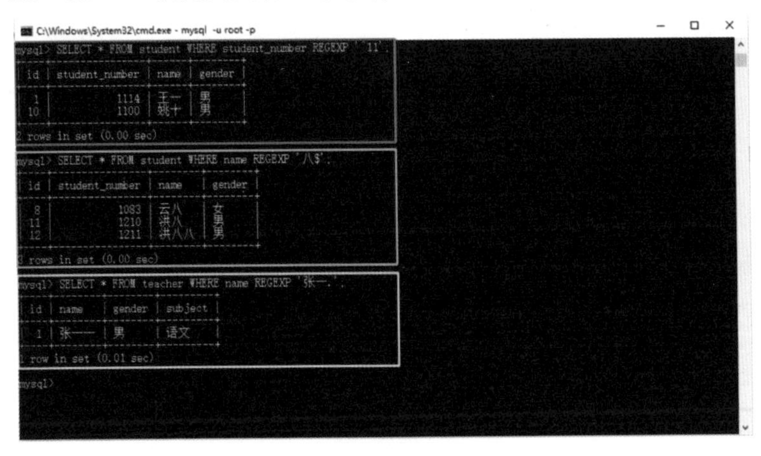


**图 1-90　MySQL 正则表达式查询示例 1**

查询学生信息表中学生的姓名包含“二”字或“八”字的学生信息，在

SQL 查询命令语句中使用正则表达式的“|”匹配字符。该 SQL 查询命令语句如下：

```
SELECT * FROM student WHERE name REGEXP '二|八';
```

执行上述 SQL 查询命令语句，得到的查询结果如图 1-91 中红色框中的内容所示，有四条结果即四个学生，这四个学生的名字分别为“张二”、“云八”、“洪八”和“洪八八”，其中“张二”名字中包含“二”字，“云八”、“洪八”和“洪八八”这三个名字中均包含“八”字。

查询学生信息表中姓“洪”即学生姓名以“洪”字开头，并且“洪”字后至少跟随一个“八”字的学生信息，在 SQL 查询命令语句中使用正则表达式的“^”和“+”匹配字符。该 SQL 查询命令语句如下：

```
SELECT * FROM student WHERE name REGEXP '^洪八+';
```

执行上述 SQL 查询命令语句，得到的查询结果如图 1-91 中绿色框中的内容所示，有两条结果即两个学生，这两个学生的名字分别为“洪八”和“洪八八”，可以看到，这两个名字均姓“洪”即以“洪”字开头，并且后面分别跟着一个和两个“八”字，查询结果符合要求。

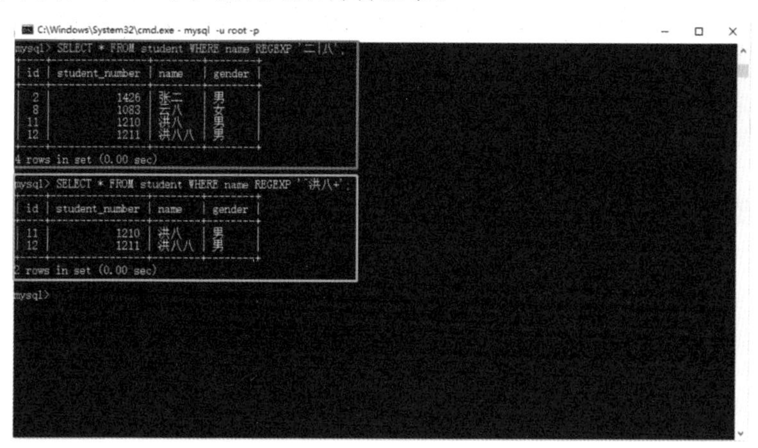


**图 1-91　MySQL 正则表达式查询示例 2**

查询学生信息表中姓“洪”即学生姓名以“洪”字开头，“洪”字后跟随 0 个或一个或多个“八”字的学生信息。该 SQL 查询命令语句如下：

```
SELECT * FROM student WHERE name REGEXP '^洪(八)*';
```

如上述 SQL 查询命令语句所示，匹配方式中将“八”字使用括号括起来后进行匹配，其匹配查询结果如图 1-92 中红色框中的内容所示，有四条结果即四个学生，这四个学生的名字分别为“洪九”、“洪八”、“洪八八”和“洪”，可以看到，这四个名字均姓“洪”即以“洪”字开头，并且“洪九”和“洪”的“洪”字后面分别跟着0个“八”字，“洪八”的“洪”字后面跟着1个“八”字，“洪八八”的“洪”字后面跟着2个“八”字，查询结果符合要求。

当使用正则表达式查询学生信息表中姓“洪”即学生姓名以“洪”字开头，“洪”字后跟随0个或一个或多个“八”字的学生信息时，并没有使用括号将“八”字括起来，如使用下面所示的SQL查询命令语句，得到的查询结果如图1-92中绿色框中的内容所示，仅有两条结果即名为“洪八”和“洪八八”的两个学生，查询结果不符合要求。

```
SELECT * FROM student WHERE name REGEXP '^洪八*';
```

因此，在使用通配符“*”匹配单个字符时，需要将待匹配的单个字符使用括号括起来。

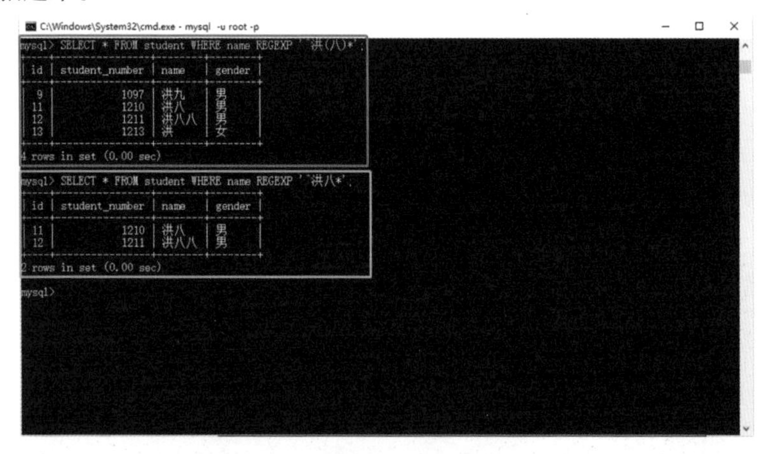


**图1-92　MySQL 正则表达式查询示例3**

## 1.13　MySQL 数据库数据表的导出和导入

在执行完上述数据表的各种查询工作后，系统会输出查询结果，但我们有时需要将这些查询结果导出到一个单独的文件中进行储存以方便后期的查阅和使用，此时就需要用到MySQL数据库中提供的数据导出功能。MySQL数据表的导出有多种方法，其中常用的是使用SELECT查询语句加上INTO OUTFILE命令导出数据查询结果。此方法将导出一个包含所有查询结果的文本文档格式文件。其导出语法格式大致如下：

```
SELECT <表头> FROM <表名>
[WHERE 语句]
INTO OUTFILE '绝对路径/目标文件名.txt'[OPTIONS]
```

上属语法中，第一行为 SELECT 查询语句，中间可以插入 WHERE 条件语句进行条件查询，最下面跟随 INTO OUTFILE 命令，命令后跟随导出数据文件的绝对滤镜和目标文件名，末尾跟随可选参数项 OPTIONS。OPTIONS 可选参数项包括 FIELDS 语句和 LINES 语句，由于在使用 MySQL 数据库数据表导出文件时基本不适用这个可选参数项，因此这里不做过多描述，感兴趣的读者可自行查询、学习。

在使用上述导出文件的 SQL 命令语句时需要注意，MySQL 对保存文件的绝对路径做了限制，因此只能导出文件至 secure_file_priv 变量的指定路径下。此时使用如下命令查询出 MySQL 的 secure_file_priv 变量指定的路径：

```
SHOW global variables LIKE '% secure% ';
```

运行上述命令，得到的结果如图 1-93 所示。图 1-93 中红色框中的内容显示，MySQL 的 secure_file_priv 变量指定的路径为 C:\ProgramData\MySQL\MySQL Server 5.7\Uploads\。

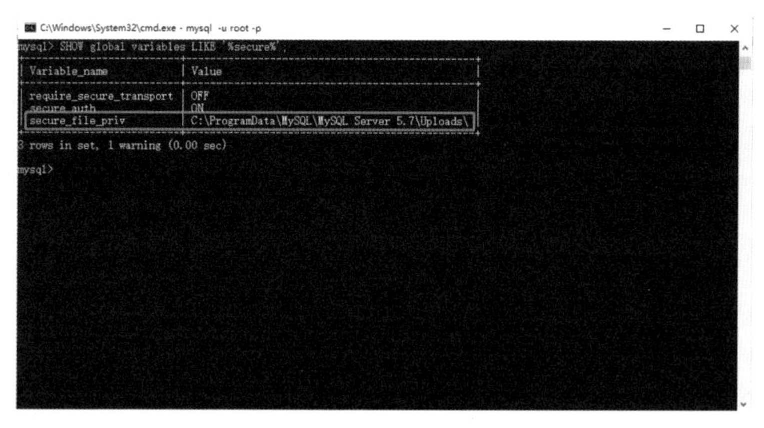


**图 1-93　MySQL secure_file_priv 变量指定路径**

此时我们使用如下 SQL 命令语句导出学生成绩信息数据库中数据表 teacher 中的所有数据：

```
SELECT * FROM student_transcript.teacher
INTO OUTFILE
'C:/ProgramData/MySQL/MySQL Server 5.7/Uploads/教师信息表.txt';
```

需要注意的是，MySQL 数据库中识别路径中的分隔符需要用“/”代替“\”，或者用“\\”代替“\”，否则系统会因为不识别路径而报错。上述命令语句中使用了“/”代替“\”，通过执行上述命令语句，路径 C:/ProgramData/

MySQL/MySQL Server 5. 7/Uploads/下会自动创建一个“教师信息表.txt”文件，打开此文件，内容如图 1-94 所示。

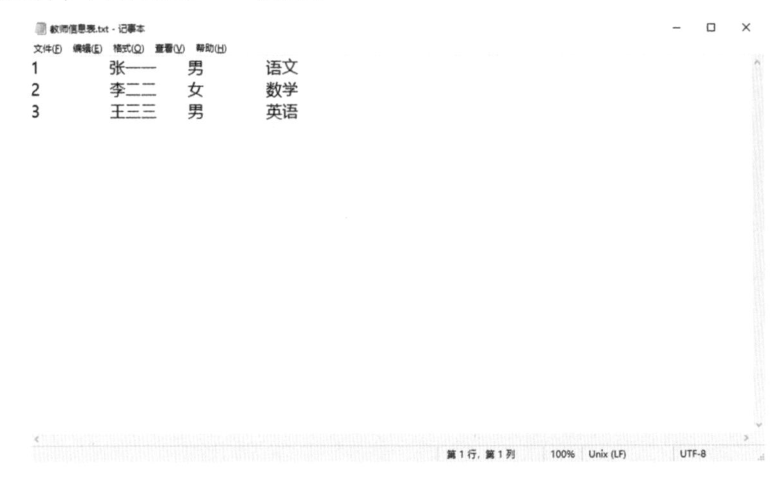


图 1-94 “教师信息表 . txt”文件内容

导出文件中，MySQL 默认使用制表符即“\t”分隔不同的数据列，因此，如果此时想要方便地复制其中的某一列，则直接将此文件拖入 Excel 中打开即可。

## 1. 14 MySQL 数据库的备份和恢复

建设数据库的主要目的是对数据进行存储和维护，因此保证数据库中数据的安全是最重要的一件事。尽管 MySQL 官方采取了一系列的措施来保障数据库的存储安全，但是仍会有不确定因素导致数据库中数据丢失等情况出现。并且，在操作数据库尤其是在对数据库进行各种修改和删除时，容易出现因操作人员考虑不周而导致数据丢失的情况，因此数据库的备份就显得尤为重要。定期、及时地对数据库进行备份是很有必要的，这样做可以最大限度地降低因各种意外导致的数据丢失。为了防止数据库中的数据丢失，以及由操作失误而造成的数据错误等，MySQL 提供了多种方法用于数据库的备份和恢复。本节将介绍最常用的方法。

### 1. 14. 1 MySQL 数据库的备份

数据库的备份指的是通过导出数据库中的数据，以便在数据库出现问题或不当操作导致数据丢失时可以将备份数据恢复到数据库中，从而达到保护数据库中数据的目的。在 MySQL 数据库中提供了 mysqldump 命令语句来实现数据库的备份，这也是 MySQL 备份操作中最常用的一种方法。此命令的基本语法为：

```
mysqldump -u 用户名 -p 数据库名称 > 绝对路径\文件名.sql
```

在此语法中，用户名为数据库的用户名，如使用管理员则输入用户名为 root；数据库名称表示想要备份的数据库的名称；符号“>”表示导出备份数据库的意思；绝对路径表示想要将备份的数据库文件保存的路径；文件名表示备份数据库文件的名称，文件的后缀名为.sql。需要注意的是，文件格式并不强制使用.sql，将数据备份成文本文档格式即.txt 也是可以的，但是通常情况下，建议将文件保存为数据库文件，即后缀名选择.sql。同时，此种数据库备份方式必须在 Windows 系统的命令窗口且未登录到 MySQL 服务的情况下使用，备份的数据库并不包含创建数据库的语句。

例如，备份本地数据库中的学生成绩信息数据库到电脑的 D 盘，并将数据库备份文件命名为学生成绩信息数据库.sql，则可以在 Windows 系统下使用 win+R 键打开运行窗口（图 1-31），在运行窗口的输入框中输入 cmd 后敲击回车键打开命令窗口（图 1-32），在命令窗口输入 cd +路径地址进入 MySQL 安装目录中的 bin 目录（图 1-33，如 MySQL 的安装路径为默认路径则输入 cd C:\Program Files\MySQL\MySQL Server 5. 7\bin）；或者打开我的电脑，依据 MySQL 安装路径依次点进 MySQL 安装目录中的 bin 目录，在窗口地址栏输入 cmd 后敲击回车键打开命令窗口。此时在命令窗口输入：

```
mysqldump -u root -p student_transcript > D:\学生成绩信息数据库.sql
```

点击回车键后，输入数据库密码，等待系统再次自动跳回操作路径，数据库备份完成（图 1-95）。

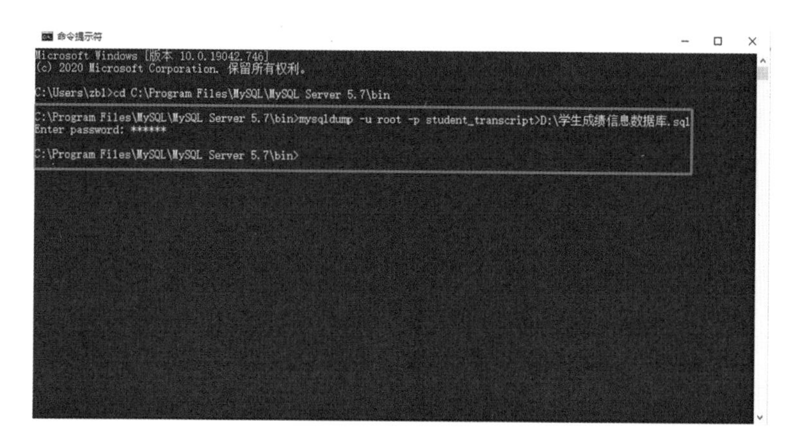


**图 1-95　数据库备份**

此时，在计算机的 D 盘中查看刚才备份过的文件，即学生成绩信息数据库.sql。使用文本查看器打开文件可以看到该文件的部分内容，大致如下：

```
-- MySQL dump 10.13 Distrib 5.7.28, for Win64 (x86_64)
--
-- Host: localhost    Database: student_transcript
-- ------------------------------------------------------
-- Server version    5.7.28-log

/*! 40101 SET @OLD_CHARACTER_SET_CLIENT=@@CHARACTER_SET_CLIENT */;
/*! 40101 SET @OLD_CHARACTER_SET_RESULTS=@@CHARACTER_SET_RESULTS */;
/*! 40101 SET @OLD_COLLATION_CONNECTION=@@COLLATION_CONNECTION */;
/*! 50503 SET NAMES utf8 */;
/*! 40103 SET @OLD_TIME_ZONE=@@TIME_ZONE */;
/*! 40103 SET TIME_ZONE='+00:00' */;
/*! 40014 SET @OLD_UNIQUE_CHECKS=@@UNIQUE_CHECKS, UNIQUE_CHECKS=0 */;
/*! 40014 SET @OLD_FOREIGN_KEY_CHECKS=@@FOREIGN_KEY_CHECKS,FOREIGN_KEY_CHECKS=0 */;
/*! 40101 SET @OLD_SQL_MODE=@@SQL_MODE,SQL_MODE=' NO_AUTO_VALUE_ON_ZERO' */;
/*! 40111 SET @OLD_SQL_NOTES=@@SQL_NOTES,SQL_NOTES=0 */;


--
-- Table structure for table `score`
--

DROP TABLE IF EXISTS `score`;
/*! 40101 SET @saved_cs_client     =@@character_set_client */;
/*! 50503 SET character_set_client = utf8mb4 */;
CREATE TABLE `score` (
`id` int(11) NOT NULL AUTO_INCREMENTV,
`language` float DEFAULT NULL COMMENT '语文成绩',
`mathematics` float DEFAULT NULL COMMENT '数学成绩',
`english` float DEFAULT NULL COMMENT '英语成绩',
`total_score` float DEFAULT NULL COMMENT '总分',
`student_id` int(11) DEFAULT NULL COMMENT '学生 ID',
  PRIMARY KEY (`id`),
  KEY `pk_student_id_idx` (`student_id`),
  CONSTRAINT `pk_student` FOREIGN KEY (`student_id`) REFERENCES `student` (`
id`) ON DELETE CASCADE ON UPDATE NO ACTION
```

```
) ENGINE=InnoDB AUTO_INCREMENT=11 DEFAULT CHARSET=utf8mb4;
/*! 40101 SET character_set_client = @saved_cs_client */;

--
-- Dumping data for table `score`
--

LOCK TABLES `score` WRITE;
/*! 40000 ALTER TABLE `score` DISABLE KEYS */;
INSERT INTO `score` VALUES
(1,76.5,88,92,256.5,1),(2,96,83,75,254,2),(3,89,67,92,248,3),(4,92,89,66,247,
4),(5,82,87.5,73,242.5,5),(6,82,75,85,242,6),(7,86,69,78,233,7),(8,84,67,73,
224,8),(9,80.3,75,69,224.3,9),(10,59,62,80,201,10);
/*! 40000 ALTER TABLE `score` ENABLE KEYS */;
UNLOCK TABLES;

--
-- Table structure for table `student`
--

DROP TABLE IF EXISTS `student`;
/*! 40101 SET @saved_cs_client     = @@character_set_client */;
/*! 50503 SET character_set_client = utf8mb4 */;
CREATE TABLE `student` (
  `id` int(11) NOT NULL,
  `student_number` varchar(255) DEFAULT NULL COMMENT '学号',
  `name` varchar(255) DEFAULT NULL COMMENT '姓名',
  `gender` varchar(255) DEFAULT NULL COMMENT '性别',
  PRIMARY KEY (`id`)
) ENGINE=InnoDB DEFAULT CHARSET=utf8mb4;
/*! 40101 SET character_set_client = @saved_cs_client */;

--
-- Dumping data for table `student`
--

LOCK TABLES `student` WRITE;
```

```
/*! 40000 ALTER TABLE `student` DISABLE KEYS */;
INSERT INTO `student` VALUES (1,'1114','王一','男'),(2,'1426','张二','男'),(3,
'1032','索三','男'),(4,'1029','李四','男'),(5,'1051','刘五','女'),(6,'1068',
'魏六','女'),(7,'1075','陈七','男'),(8,'1083','云八','女'),(9,'1097','洪九','男
'),(10,'1100','姚十','男'),(11,'1210','洪八','男'),(12,'1211','洪八八','男'),
(13,'1213','洪','女');
/*! 40000 ALTER TABLE `student` ENABLE KEYS */;
UNLOCK TABLES;

--
-- Table structure for table `teacher`
--

DROP TABLE IF EXISTS `teacher`;
/*! 40101 SET @saved_cs_client     = @@character_set_client */;
/*! 50503 SET character_set_client = utf8mb4 */;
CREATE TABLE `teacher` (
  `id` int(11) NOT NULL,
  `name` varchar(255) DEFAULT NULL COMMENT '姓名',
  `gender` varchar(255) DEFAULT NULL COMMENT '性别',
  `subject` varchar(255) DEFAULT NULL COMMENT '科目',
  PRIMARY KEY (`id`)
) ENGINE=InnoDB DEFAULT CHARSET=utf8mb4;
/*! 40101 SET character_set_client = @saved_cs_client */;

--
-- Dumping data for table `teacher`
--

LOCK TABLES `teacher` WRITE;
/*! 40000 ALTER TABLE `teacher` DISABLE KEYS */;
INSERT INTO `teacher` VALUES (1,'张一一','男','语文'),(2,'李二二','女','数学'),
(3,'王三三','男','英语');
/*! 40000 ALTER TABLE `teacher` ENABLE KEYS */;
UNLOCK TABLES;

--
```

```
-- Table structure for table `teacher_student`
--

DROP TABLE IF EXISTS `teacher_student`;
/ * ! 40101 SET @saved_cs_client     = @@character_set_client * /;
/ * ! 50503 SET character_set_client = utf8mb4 * /;
CREATE TABLE `teacher_student` (
  `id` int(11) NOT NULL AUTO_INCREMENT,
  `teacher_id` int(11) DEFAULT NULL COMMENT '教师 ID',
  `student_id` int(11) DEFAULT NULL COMMENT '学生 ID',
  PRIMARY KEY (`id`),
  KEY `pk_teacher_idx` (`teacher_id`),
  KEY `pk_student_idx` (`student_id`),
  CONSTRAINT `pk_student` FOREIGN KEY (`student_id`) REFERENCES `student` (`
id`) ON DELETE NO ACTION ON UPDATE NO ACTION,
  CONSTRAINT `pk_teacher` FOREIGN KEY (`teacher_id`) REFERENCES `teacher` (`
id`) ON DELETE CASCADE ON UPDATE NO ACTION
) ENGINE=InnoDB AUTO_INCREMENT=31 DEFAULT CHARSET=utf8mb4;
/ * ! 40101 SET character_set_client = @saved_cs_client * /;

--
-- Dumping data for table `teacher_student`
--

LOCK TABLES `teacher_student` WRITE;
/ * ! 40000 ALTER TABLE `teacher_student` DISABLE KEYS * /;
INSERT INTO `teacher_student` VALUES
(1,1,2),(2,2,2),(3,3,2),(4,4,1),(5,2,1),(6,3,1),(7,1,10),(8,2,10),(9,3,10),(10,
4,9),(11,6,9),(12,5,9),(13,4,8),(14,2,8),(15,5,8),(16,1,7),(17,6,7),(18,5,7),
(19,1,6),(20,2,6),(21,3,6),(22,4,5),(23,6,5),(24,5,5),(25,4,3),(26,2,3),(27,5,
3),(28,1,4),(29,2,4),(30,5,4);
/ * ! 40000 ALTER TABLE `teacher_student` ENABLE KEYS * /;
UNLOCK TABLES;
/ * ! 40103 SET TIME_ZONE=@OLD_TIME_ZONE * /;

/ * ! 40101 SET SQL_MODE=@OLD_SQL_MODE * /;
/ * ! 40014 SET FOREIGN_KEY_CHECKS=@OLD_FOREIGN_KEY_CHECKS * /;
```

```
/*! 40014 SET UNIQUE_CHECKS=@OLD_UNIQUE_CHECKS */;
/*! 40101 SET CHARACTER_SET_CLIENT=@OLD_CHARACTER_SET_CLIENT */;
/*! 40101 SET CHARACTER_SET_RESULTS=@OLD_CHARACTER_SET_RESULTS */;
/*! 40101 SET COLLATION_CONNECTION=@OLD_COLLATION_CONNECTION */;
/*! 40111 SET SQL_NOTES=@OLD_SQL_NOTES */;

-- Dump completed on 2021-03-12 12:12:14
```

由上述文件内容可知，其中包含了一些信息。文件中以“--”开头的是SQL语言的注释，此符号之后的文字均是注释内容，并不会被MySQL系统识别为命令语句执行；文件中以“/*! 40101”等形式开头的是与MySQL有关的注释。文件开头写明了MySQL dump工具的具体版本号、备份用户名和主机信息以及备份数据库的名称，最后是MySQL服务器的版本号。在上述文件内容中可以看到一些创建数据表、插入数据等的SQL命令语句，其中还有DROP语句，此语句在文件中的作用是判断数据库中是否存在将要创建的数据表，如果存在，则删除这个数据表后再执行接下来的创建此数据表命令。在文件的最后一行记录了此数据库的创建时间。但是纵观整个文件内容，不包含创建数据库的命令语句。

### 1.14.2 MySQL 数据库的恢复

当因操作不当而导致数据库中的数据丢失或者出现各种意外损坏时，可以通过使用已经备份的数据库文件进行数据库的恢复，从而尽可能减少数据损失。在上一节中，主要讲述了使用MySQL数据库中的mysqldump命令语句实现对数据库的备份，并且数据库备份文件中包含所有数据库建设时的创建表格命令语句和插入数据命令语句，但是并不包含创建数据库的命令语句。因此，可以先创建一个空的数据库，使用MySQL数据库提供的mysql命令语句将数据库恢复到创建的空数据库中，此命令的基本语法格式为：

```
mysql -u 用户名 -P 数据库名称 < 绝对路径\文件名.sql
```

此语法中，用户名为数据库的用户名，如使用管理员则输入用户名为root；数据库名称表示想要恢复到的数据库的名称，此项为可选项，如果数据库备份文件中包含了数据库创建的命令则不需要输入此数据库名称来指定数据库，但如果输入的数据库名称并不存在于数据库中，系统将会报错；符号“<”表示恢复数据库；绝对路径表示数据库备份文件保存的路径；文件名表示备份数据库文件的名称，文件的后缀名为.sql。

需要注意的是，当知道数据库备份文件中并不包含创建数据库命令，并且想要将数据库恢复到一个新的空数据库中时，需要首先登录到数据库，使用创建数据库命令创建一个新的数据库，并在使用数据库恢复命令时输入刚创建的数据库名称。数据库恢复的 mysql 命令语句和数据库备份的 mysqldump 命令语句的要求是一样的，必须在 Windows 系统的命令窗口且未登录到 MySQL 服务的情况下执行，因此如果刚刚创建了数据库则需先使用 quit 命令退出数据库后再使用数据库恢复命令。

例如，将学生成绩信息数据库的备份文件恢复到本地数据库中。已知备份文件在我的电脑 D 盘根目录下，如果其中并没有创建数据库命令且本地数据库系统中并没有 student_transcript 数据库，则需要先参考前文中的数据库创建流程完成对数据库的创建，然后使用 quit 命令退出本地数据库，最后输入数据库恢复命令。其语法格式如下：

```
mysql -u root -p student_transcript < D:\学生成绩信息数据库.sql
```

点击回车键后，输入数据库密码等待系统再次自动跳回操作路径，数据库恢复完成（图 1-96）。

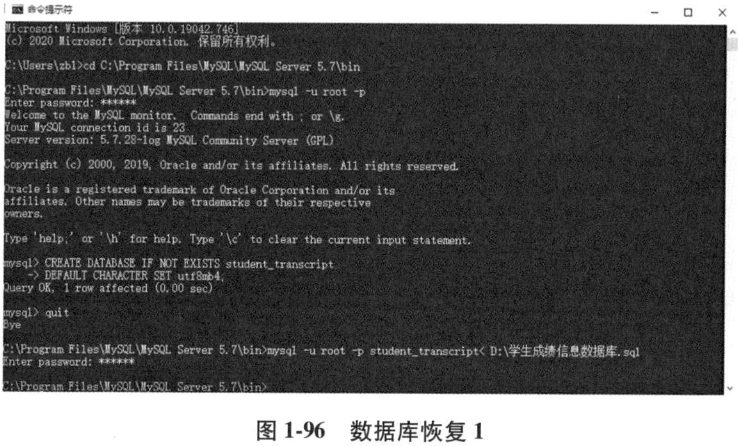

```
命令提示符
Microsoft Windows [版本 10.0.19042.746]
(c) 2020 Microsoft Corporation. 保留所有权利。

C:\Users\zbl>cd C:\Program Files\MySQL\MySQL Server 5.7\bin

C:\Program Files\MySQL\MySQL Server 5.7\bin>mysql -u root -p
Enter password: ******
Welcome to the MySQL monitor.  Commands end with ; or \g.
Your MySQL connection id is 23
Server version: 5.7.28-log MySQL Community Server (GPL)

Copyright (c) 2000, 2019, Oracle and/or its affiliates. All rights reserved.

Oracle is a registered trademark of Oracle Corporation and/or its
affiliates. Other names may be trademarks of their respective
owners.

Type 'help;' or '\h' for help. Type '\c' to clear the current input statement.

mysql> CREATE DATABASE IF NOT EXISTS student_transcript
    -> DEFAULT CHARACTER SET utf8mb4;
Query OK, 1 row affected (0.00 sec)

mysql> quit
Bye

C:\Program Files\MySQL\MySQL Server 5.7\bin>mysql -u root -p student_transcript< D:\学生成绩信息数据库.sql
Enter password: ******

C:\Program Files\MySQL\MySQL Server 5.7\bin>
```

**图 1-96　数据库恢复 1**

当然，如果已经登录到 MySQL 数据库服务器，同样可以完成数据库备份文件的恢复。这里需要使用 MySQL 提供的 source 命令完成已备份 sql 文件的导入。其语法格式如下：

```
source 绝对路径\文件名.sql
```

上述语法中，绝对路径表示数据库备份文件保存的路径；文件名表示数据库备份文件的名称，文件的后缀名为 .sql。需要注意的是，当知道数据库备份文件中并不包含创建数据库命令，且想要将数据库恢复到一个新的空数据库中时，需要首先登录数据库，使用创建数据库命令创建一个新的数据库，数据库创建好后使用选择数据库命令选择此数据库。

例如，恢复学生成绩信息数据库的备份文件到本地数据库中。已知备份文件在我的电脑 D 盘根目录下，如果其中并没有创建数据库命令且本地数据库系统中并没有 student_transcript 数据库，则需要先参考前文中的数据库创建流程完成 student_transcript 数据库的创建，然后再使用选择数据库命令选择此数据库，输入如下数据库文件导入命令：

```
source D:\学生成绩信息数据库.sql
```

上述命令会根据备份文件中的每一条 SQL 命令语句执行，系统会不断弹出提示，如 Query OK，0 rows affected（0.00 sec）。每一条提示意味着每一条 SQL 命令语句的成功执行，待所有命令语句执行完毕后，数据库恢复完成（图 1-97）。

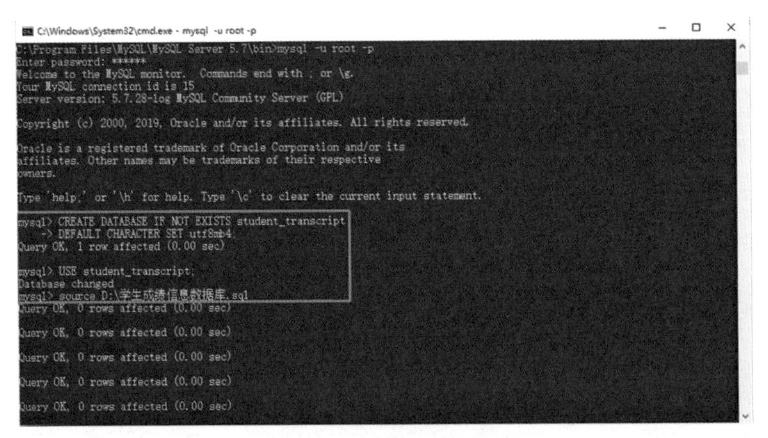


**图 1-97　数据库恢复 2**

# 第 2 章　MySQL workbench 的使用

MySQL workbench 意为 MySQL 工作台，是一款 MySQL 官方专为 MySQL 管理系统设计开发的集成可视化数据库操作桌面软件，使用此软件可以方便快捷地完成 MySQL 数据库的各种操作。MySQL workbench 主要为操作人员提供了 SQL 开发（创建和连接管理数据库服务器，并提供数据的查询）和服务器管理（管理用户、数据库的备份恢复、数据导出）等功能模块。如果下载安装 MySQL 数据库是按照第 1 章中的步骤操作，则系统中已经自动安装了这个桌面软件，直接打开即可使用；如果在安装 MySQL 数据库时并没有安装 workbench，则可以自行前往 MySQL 的官方网站下载安装 MySQL workbench 社区版。需要注意的是，在选择 MySQL workbench 下载包时，一定要选择与已安装的 MySQL 数据库相对应的版本；否则会出现提示外部组件异常的情况，导致无法连接服务器。

打开 MySQL workbench 软件，进入初始界面，如图 2-1 所示。图 2-1 中红色框区域为 MySQL 数据库服务器实例登陆入口连接，使用此软件登录过的数据库服务器实例的入口会在此处排列显示。图 2-1 中只有一个安装 MySQL 时创建配置的本地数据库实例连接，在输入本地数据库实例密码后点击这个连接即可进入本地数据库实例的操作管理界面，如图 2-2 所示。图 2-2 中红色框区域即进入的数据库实例窗口。数据库操作管理界面主要分为三大部分，图 2-2 中绿色框区域为当前打开数据库实例的数据库列表，在此区域的空白处点击鼠标右键即可刷新当前的数据库列表；图 2-2 中蓝色框区域为当前打开数据库实例的信息，其中包含了实例名称、端口号、用户信息、数据库版本信息等；图 2-2 中黄色框区域为 MySQL workbench 的命令输入框，在此处可以执行 SQL 命令语句，如执行数据库的查询命令语句等。

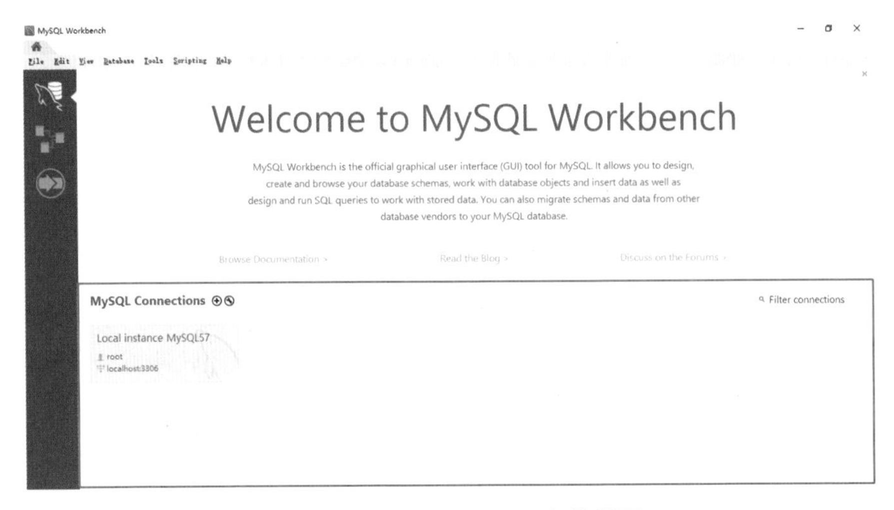


图 2-1　MySQL workbench 初始界面

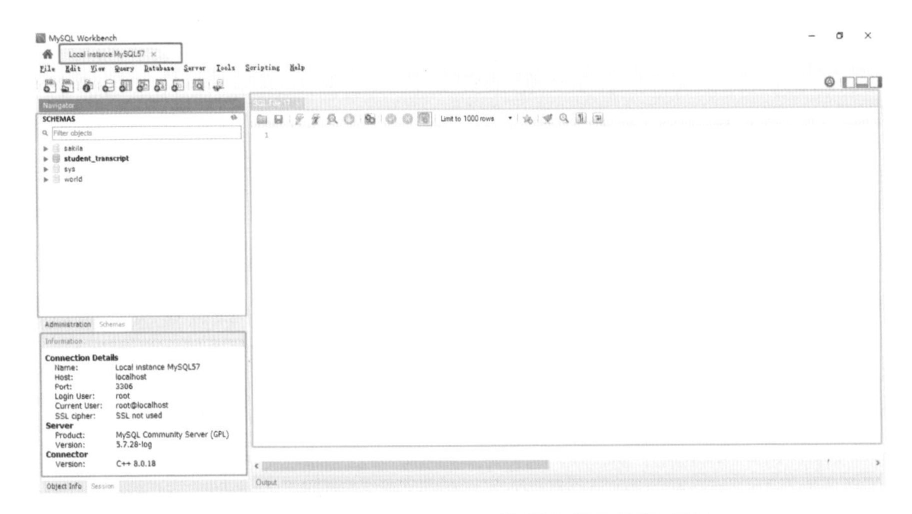


图 2-2　MySQL workbench 数据库操作管理界面

## 2.1　MySQL workbench 数据库的基本操作

### 2.1.1　MySQL workbench 数据库创建

相比于使用 Windows 命令窗口输入命令的形式创建数据库，使用 MySQL workbench 的可视化操作进行数据库创建要简单方便得多。首先进入想要创建数据库的实例操作界面，在数据库列表区域空白处点击右键选择“Create Schema...”，即创建数据库按钮（图 2-3），在右侧弹出窗口中输入数据库名称，选择数据库默认编码模式为 utf8mb4 和 utf8mb4_gener（utf8mb4_genneral_ci）后左键点击

【Apply】（图 2-4），左键点击弹出窗口中的【Apply】（图 2-5）后接着左键点击刷新窗口中的【Finish】（图 2-6）完成数据库创建。图 2-5 弹出窗口中绿色框内为相应的数据库创建的 SQL 命令语句。

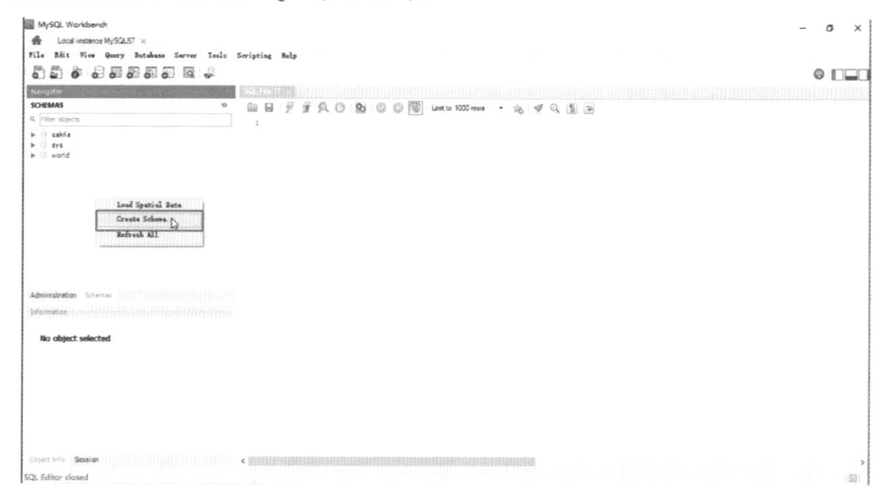


图 2-3　MySQL workbench 数据库创建 1

图 2-4　MySQL workbench 数据库创建 2

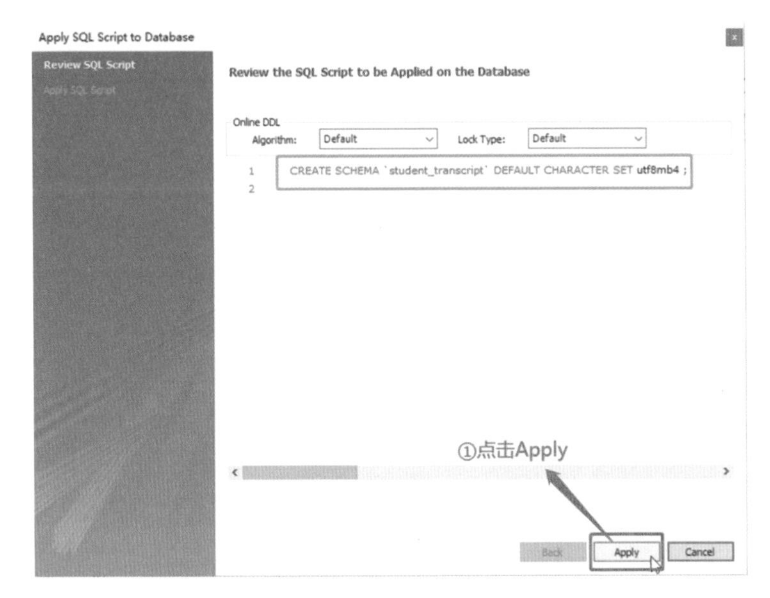


**图 2-5　MySQL workbench 数据库创建 3**

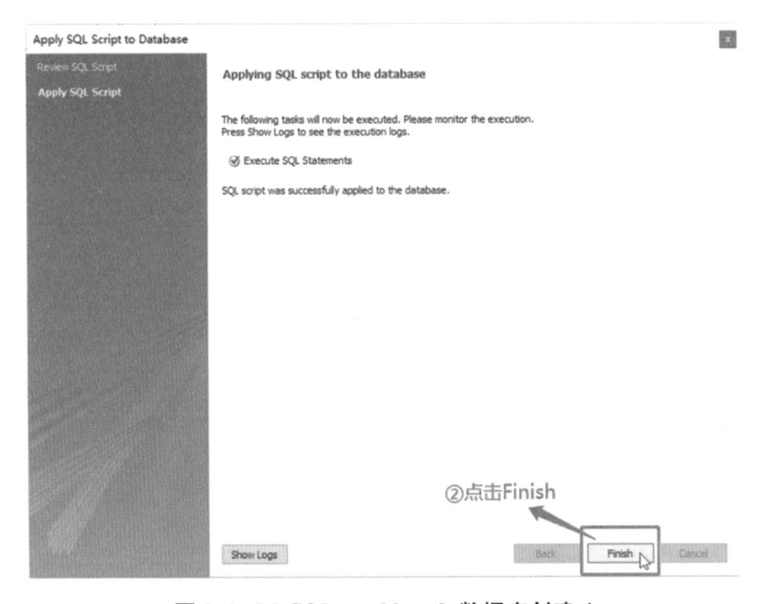


**图 2-6　MySQL workbench 数据库创建 4**

### 2.1.2　MySQL workbench 数据库修改、设置默认、删除

进入数据库实例后，右键点击想要修改的数据库，选择 “Alter Schema…”（图 2-7）即可进入如图 2-4 所示的数据库创建的操作界面，在其中可以进行数据库的指定默认编码模式的修改；修改完毕后左键点击【Apply】完成修改。需

要注意的是，使用此操作进入数据库的修改界面后，数据库名称框中的显示是灰色的，并不支持对于数据库名称的修改。

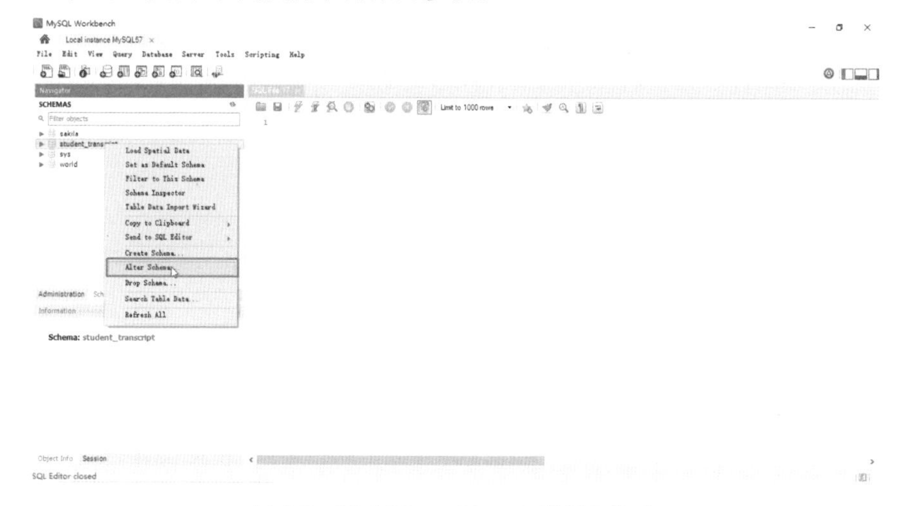


**图 2-7　MySQL workbench 数据库修改**

进入数据库实例后，右键点击想要设置的数据库，选择“Set as Default Schema”即可设置默认数据库（图 2-8）。设置为默认后，数据库的名称呈现出加粗显示，并且在右侧命令窗口执行任何未指定数据库的 SQL 命令语句时，系统都会自动给默认数据库执行相关命令语句。右键点击想要删除的数据库，选择“Drop Schema...”（图 2-9），在跳出窗口中选择“→ Drop Now”（图 2-10），数据库即被删除。注意，执行删除数据库操作需要慎之又慎。

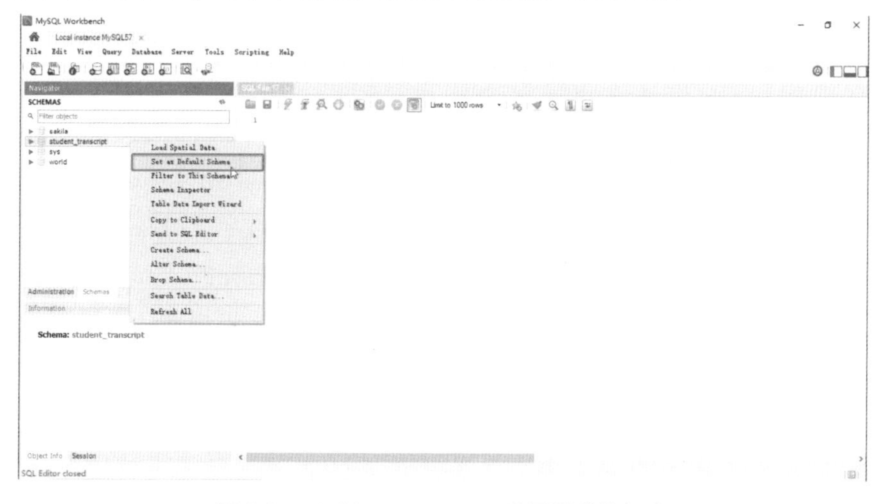


**图 2-8　MySQL workbench 设置默认数据库**

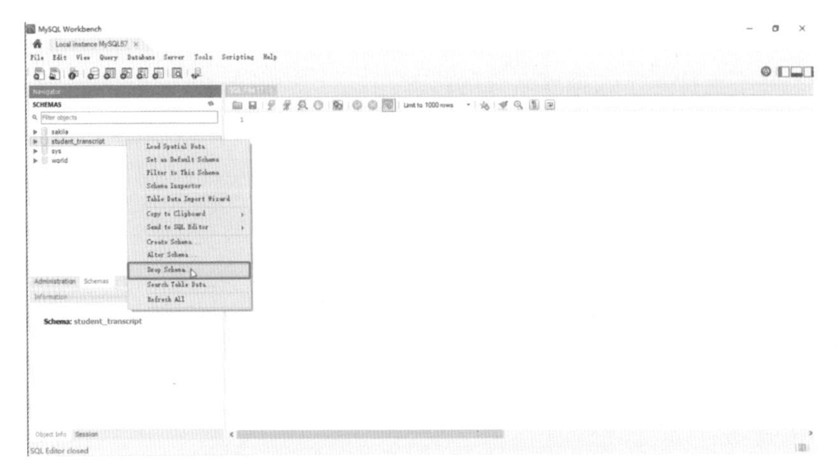


图 2-9 MySQL workbench 删除数据库 1

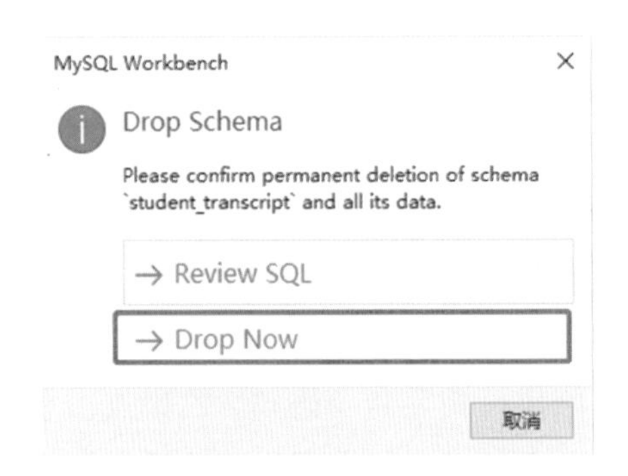


图 2-10 MySQL workbench 删除数据库 2

## 2.2 MySQL workbench 数据表的基本操作

### 2.2.1 MySQL workbench 数据表创建

打开 MySQL workbench 进入数据库实例后，左键点击想要创建数据表的数据库左侧箭头展开数据库，右键点击 Tables 菜单选择第一个“Create Table...”选项进入创建表格窗口（图 2-11），在左侧数据表创建页面的“Table Name”后的文本框中输入数据表名称，在“Comments”后的文本框中输入数据表说明，随后在窗口中间黄色框区域输入表格的列名，并选择相应的数据类型和约束条件。其中，PK 为主键约束，NN 为非空约束，UQ 为唯一字段约束，B 为二进制列约束，UN 为无符号数据类型约束，ZF 为使用 0 填充所有空间，AI 为自增约束，G 为基于其他列的公式生成值的列，当需要约束时只需在相应约束条件下勾选即可，这里常用的约束选择为 PK、NN 和 AI。如图 2-12 中将 id 一列勾选了主键、非空和自增约束。编辑完成所有列的信息后，如需设置外键则左键点击图 2-12 中绿色框中的“Foreign Keys”进入外键设置。在外键设置界面（图 2-13），首先在“Foreign Key Name”下填入外键名称，然后在“Referenced Table”下选择需要关联的主数据表，随后在此区域右侧“Column”下勾选需要设置外键的列，接着在其对应的“Referenced Column”下选择主数据表的关联列。完成上述设置后左键点击【Apply】进入创建数据表 SQL 命令语句预览窗口，再左键点击窗口中的【Apply】完成数据表的创建（图 2-14）。需要注意的是，在给数据表添加外键时，一定要先建立好当前数据表关联的主数据表，这样才能选择主表关联列。在创建数据表时，MySQL 默认的数据库引擎是 InnoDB。

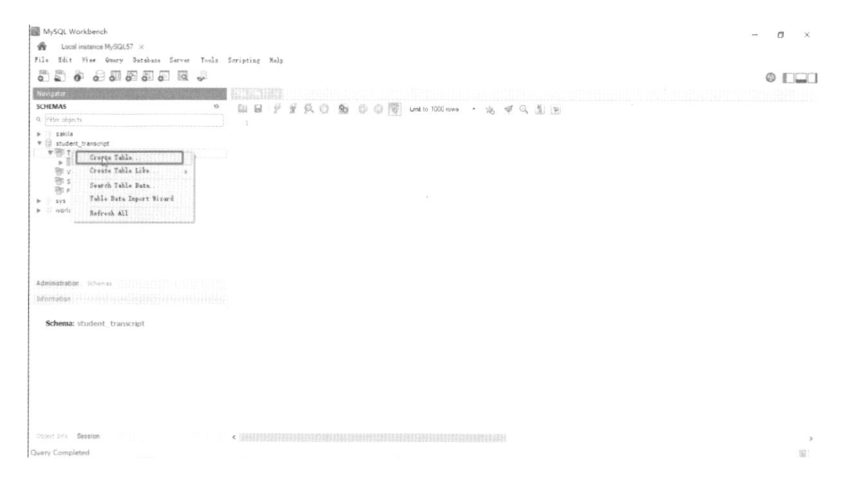


**图 2-11　MySQL workbench 创建数据表 1**

**图 2-12　MySQL workbench 创建数据表 2**

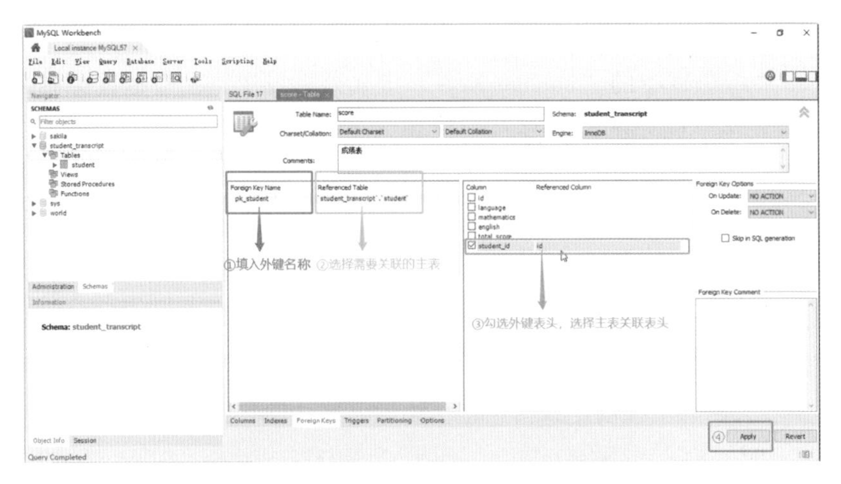


图 2-13 MySQL workbench 创建数据表 3

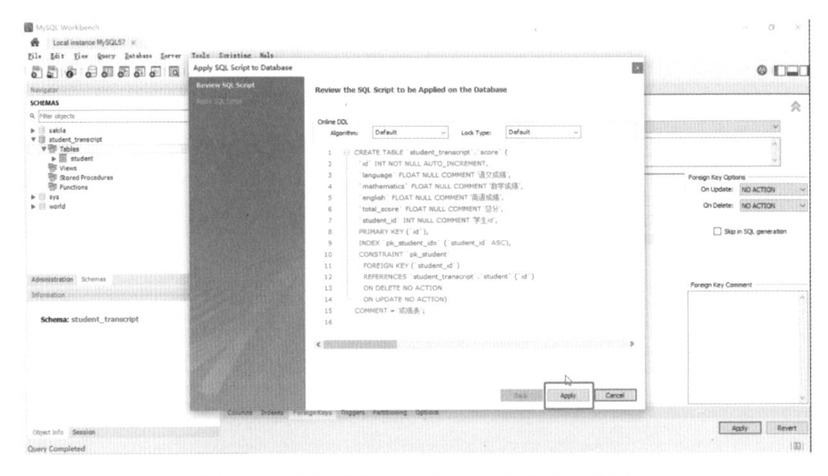


图 2-14 MySQL workbench 创建数据表 4

### 2.2.2 MySQL workbench 数据表修改、删除

打开 MySQL workbench 进入数据库实例后，左键点击想要创建数据表的数据库左侧箭头展开数据库，左键点击“Table”左侧箭头展开数据表列表，右键点击想要修改的表格，选择“Alter Table…”（图 2-15）进入如图 2-12 所示界面，在其中可以对数据表进行各种修改，包括对数据表名称、编码模式、数据表说明的修改，表头的各种修改、删除和新建。鼠标选中表头后点击左键不放开上下拖拽表头则可以调整表头顺序，同时可以对外键进行一系列修改、添加等。修改完成后，左键点击【Apply】打开当前操作的 SQL 命令语句预览窗口，左键点击窗口中的【Apply】，在弹出的窗口中继续左键点击【Apply】即可完成数据表的修改。

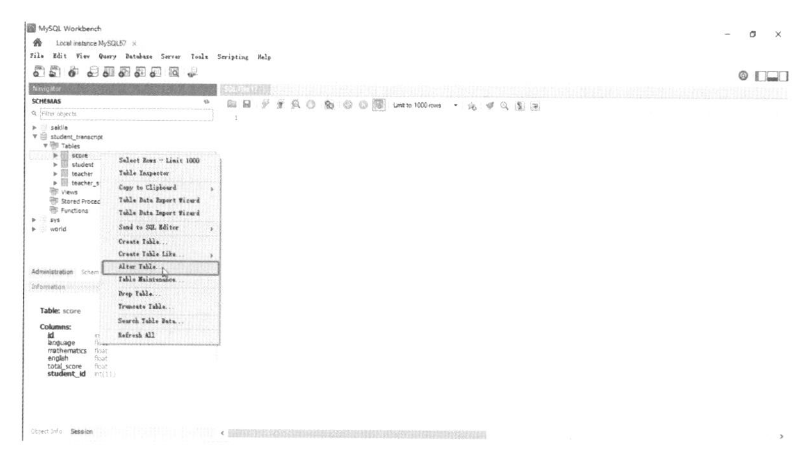


图 2-15　MySQL workbench 修改表格

打开 MySQL workbench 进入数据库实例后，左键点击想要创建数据表的数据库左侧箭头展开数据库，左键点击“Table”左侧箭头展开数据表列表，右键点击想要删除的表格，选择“Drop Table...”（图 2-16），在跳出窗口选择“→ Drop Now”（图 2-17），数据表即被删除。注意，执行删除数据库操作需要慎之又慎。

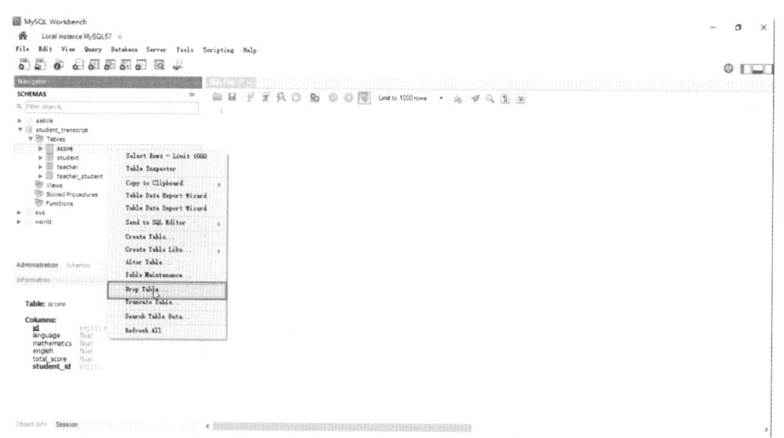


图 2-16　MySQL workbench 删除表格 1

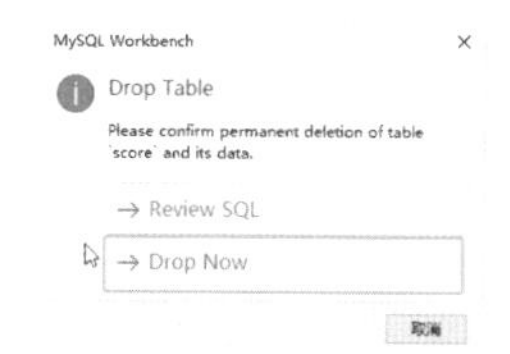


图 2-17　MySQL workbench 删除表格 2

### 2.2.3 MySQL workbench 数据表数据的编辑、查询和导出

打开 MySQL workbench 进入数据库实例后，左键点击想要编辑数据表的数据库左侧箭头展开数据库，左键点击“Table”左侧箭头展开数据表列表，右键点击想要进行数据编辑的表格，选择“Select Rows-Limit 1000”（图 2-18）进入相应表格数据编辑界面（图 2-19）。在数据编辑界面的 Edit 菜单中包含三个按钮，如图 2-19 中红色框区域所示，从左到右依次为“Edit current row”修改按钮、“Insert new row”插入按钮和“Delete select rows”删除按钮，选择相应功能操作的按钮即可对当前数据表进行编辑操作。在数据表编辑完成后，左键点击【Apply】即可进入当前数据编辑的 SQL 命令语句脚本预览窗口（图 2-20），左键继续点击窗口中的【Apply】后接着左键点击刷新窗口中的【Finish】即可保存对数据表的编辑（图 2-21）。

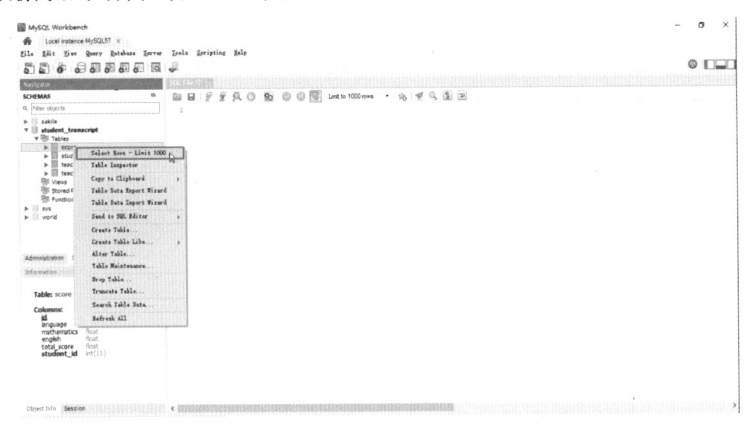

**图 2-18　MySQL workbench 数据表数据编辑 1**

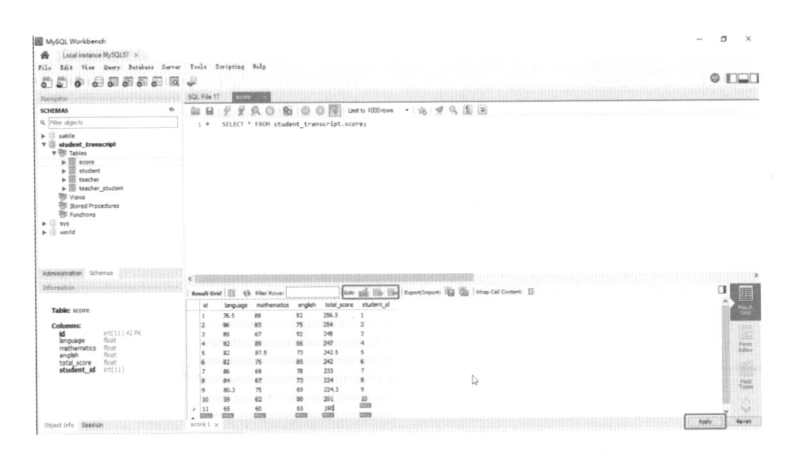

**图 2-19　MySQL workbench 数据表数据编辑 2**

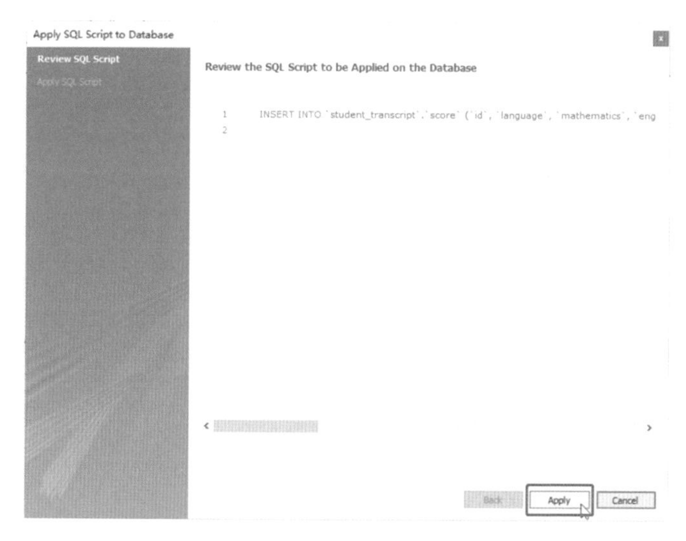


图 2-20　MySQL workbench 数据表数据编辑 3

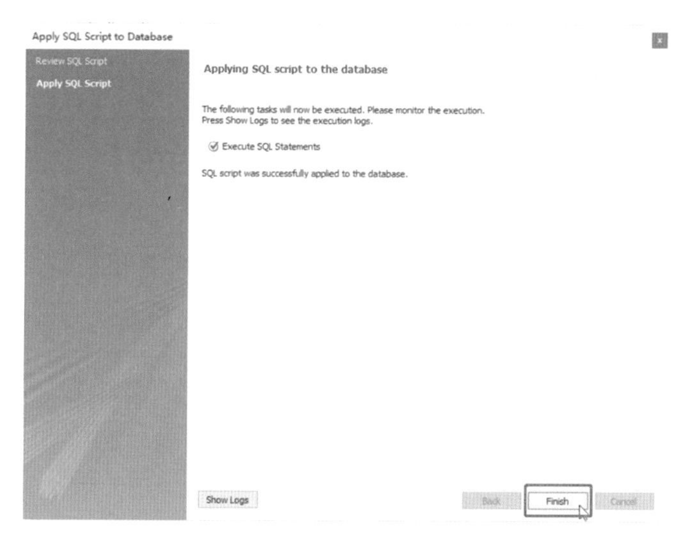


图 2-21　MySQL workbench 数据表数据编辑 4

MySQL workbench 数据查询所用到的所有 SQL 命令语句与第一章中讲到的 MySQL 数据库的数据查询命令语句完全相同，在此不再对命令语句做过多描述。使用 MySQL workbench 查询，首先需要将想要查询的数据库设置为默认数据库，随后左键点击“Create a new SQL tab for executing queries”按钮或使用快捷键“Ctrl+T”创建一个新的命令窗口，在打开的命令窗口中输入查询命令，将光标放在此条命令的英文分号“;”后面，左键点击图 2-22 中绿色框内的第二个按钮即“Execute the statement under the keyboard cursor”按钮，单独执行这一条查询命令；如果在命令窗口中有多条命令且想要一次性自动执行，则可以左键点击图 2-22 中绿色框内的第一个按钮即“Execute the selected portion of the script or everything，if there is no selection”按钮，左键点击执行全部查询按钮后，软件会从上到下依次执行每一条查询命令。需要注意的是，执行到最后，查询结果仅显示出最后一条查询命令的查询结果。如果想要保存查询出来的数据表格结果，可以在查询命令执行完毕之后，左键点击图 2-22 中“Export/Import：”选项后的第一个按钮导出数据表格，导出格式默认为 . CSV 的数据文本文件。

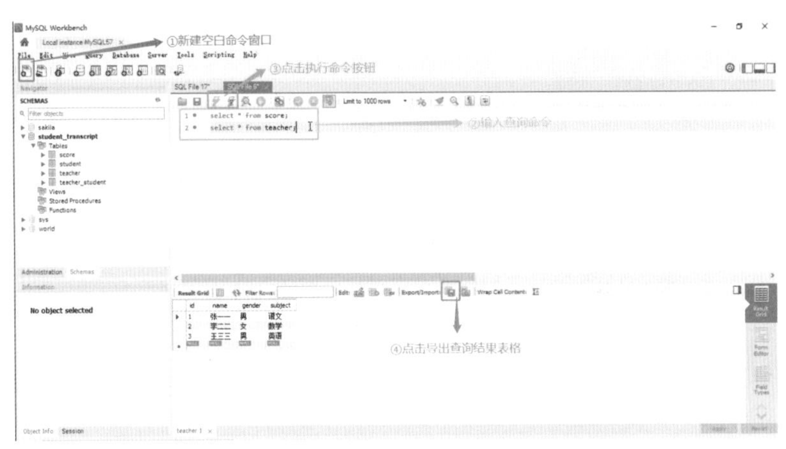


图 2-22　MySQL workbench 数据查询和导出

## 2.3　MySQL workbench 数据库的备份和恢复

### 2.3.1　MySQL workbench 数据库的备份

MySQL workbench 同样提供了可视化的数据库备份功能。首先，打开 MySQL workbench 进入数据库实例，左键点击窗口左侧的“Administration”按钮进入管理列表，再左键点击列表中的“Data Export”按钮进入数据库导出界面（图 2-23），在“Tables to Export”选项中勾选需要导出的数据库，选择“Export to Self-Contained File”即导出为独立文件后选择导出路径，勾选“Create Dump in a Single Transaction（self-contained file only）”和“Include Create Schema”即单事务转存和包含数据库建设命令两个选项后，左键点击【Start Export】（图 2-24），等待进度条完成，数据库导出备份即完成（图 2-25）。注意，此处操作在导出之前勾选了单事务转存和包含数据库创建命令两个按钮，这样导出的数据库备份文件在下次恢复数据库时可以直接导入，完成对数据库的恢复。

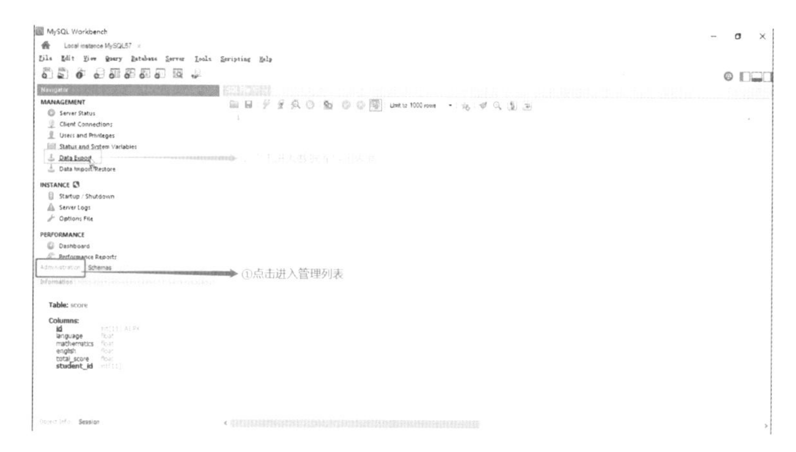


图 2-23　数据库导出备份 1

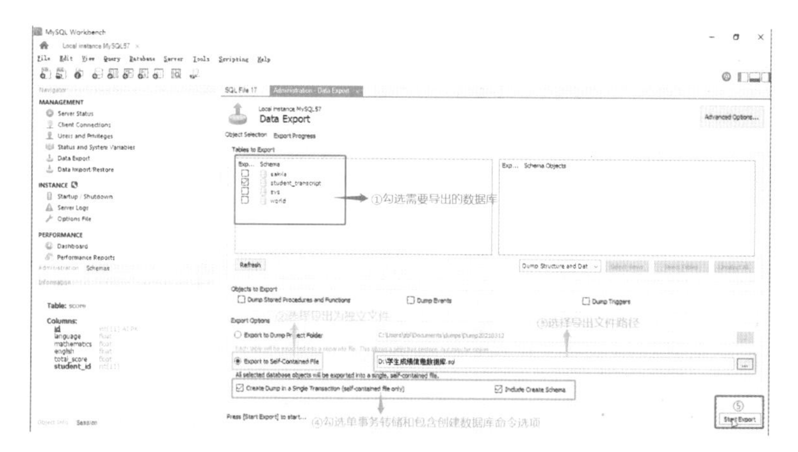


图 2-24　数据库导出备份 2

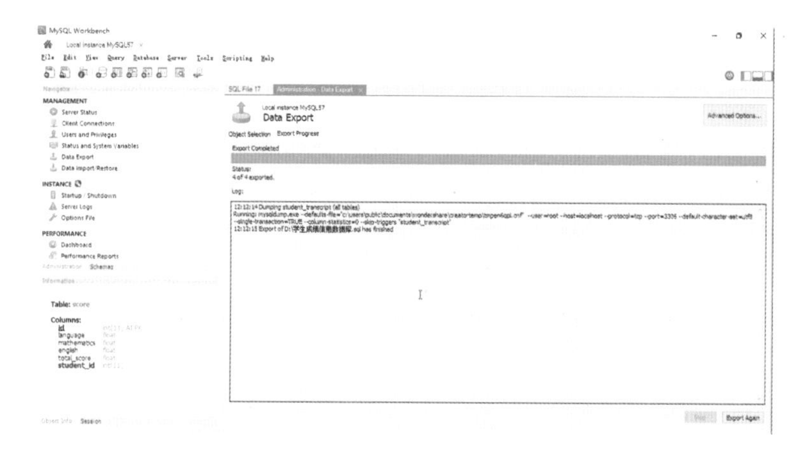

图 2-25　数据库导出备份 3

### 2.3.2 MySQL workbench 数据库的恢复

MySQL workbench 同样提供了可视化的数据库恢复功能。数据库恢复功能同样在管理列表中。首先打开 MySQL workbench 进入数据库实例，然后左键点击窗口左侧的“Administration”按钮进入管理列表，再左键点击列表中的“Data Import/Restore”按钮进入数据库导入/恢复界面（图 2-26），点击选择“Import from Self-Contained File”即导入独立文件选项，打开文件保存路径并选择数据库备份文件后直接点击【Start Import】开始导入（图 2-27），等待进度条完成，数据库导入恢复即完成（图 2-28）。注意，此处操作在导入恢复之前需要选择的是包含创建数据库命令的数据库备份独立文件，因此建议在数据库备份时一定要勾选包含数据库创建命令选项。

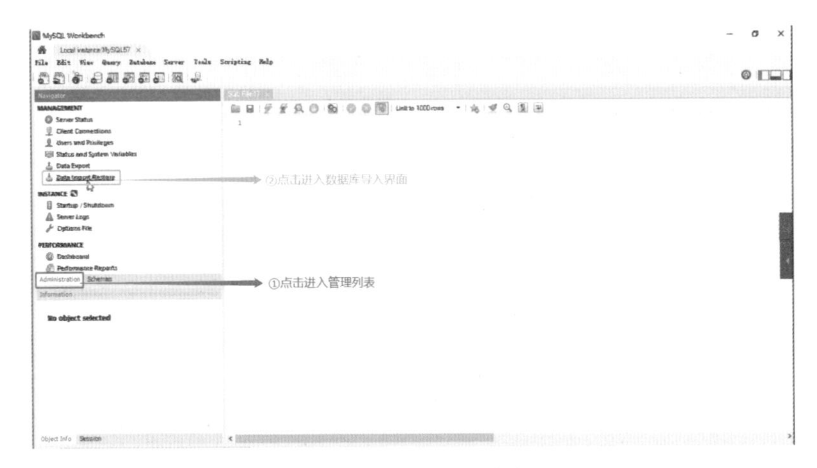


图 2-26　数据库导入恢复 1

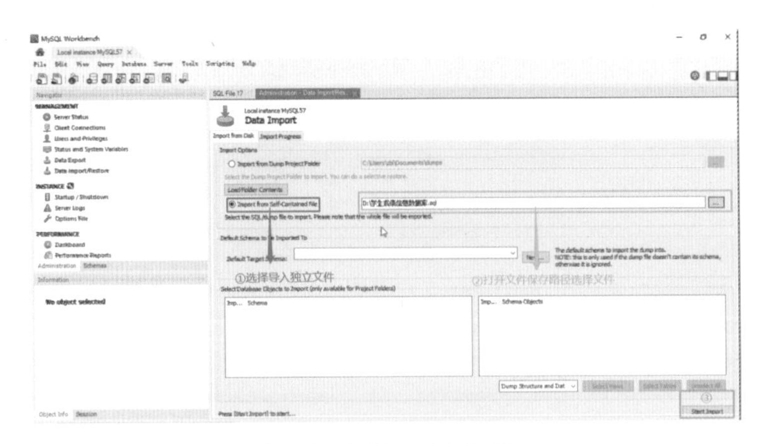


图 2-27　数据库导入恢复 2

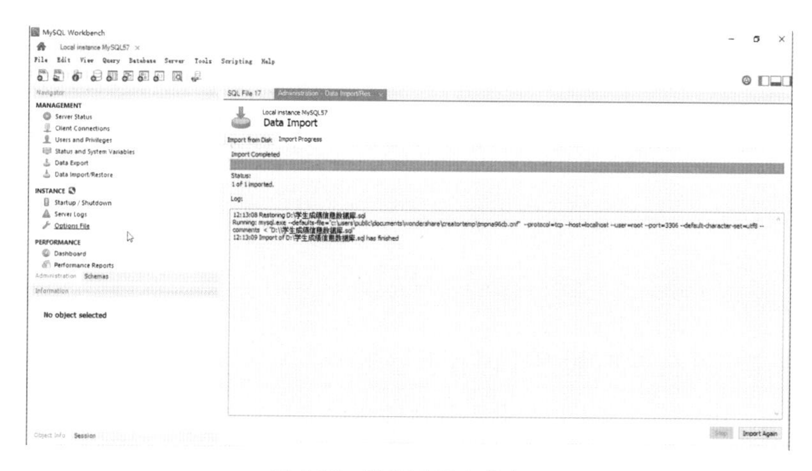


图 2-28　数据库导入恢复 3

# 第 3 章　临床病历 MySQL 数据库建设前思路详解

掌握了上述 MySQL 数据库的各种基本操作和相关注意事项以及 MySQL workbench 工作台的各种可视化基本操作和注意事项后，我们就可以着手对临床病例数据库进行建设。下面以武汉中心医院临床病历数据库的建设为例，从临床病历版块剖析、各版块之间的关系剖析、E-R 图绘制、数据库中数据表内部结构设计与剖析、数据表名称即表头名称的命名规范等方面详细介绍关于临床病例数据库建设的思路和相关注意事项。

## 3.1　临床病历版块剖析

前文中讲到，要建设一个数据库，首先需要熟悉待建设数据库的业务流程及其相关知识内容，并且确定数据库建设的目的和要求。因此，在进行临床病历数据库建设之前需要了解临床病历中的各内容版块。首先，剖析临床病历的内容，将其大致分割为几大版块；其次，对概念进行详细归类。只有理清临床病历方面的各种业务逻辑和相关知识结构，才能更好地完成和完善接下来数据库建设的各种设计细节。

首先，仔细研读武汉中心医院的临床原始病历，剖析病历的相同点，然后将病历的相同点进行总结归类，最终将病历分割为九大版块：病人基本信息、既往史、体格检查、辅助检查、其他检查、医嘱、护理记录、病程记录、出入院记录。

对九大版块进行详细解析：

病人基本信息包括姓名、拼音码、性别、出生日期、年龄、血型、国籍、籍贯、出生地、民族、文化程度、婚姻状况、宗教信仰、职业、单位等。

既往史包括平素健康状况、呼吸系统症状、循环系统症状、消化系统症状、泌尿系统症状、血液系统症状、内分泌代谢症状、神经精神症状、生殖系统症状、运动系统症状、传染病史、预防接种史、手术外伤史、血型（ABO）、Rh（D）、输血史、输血时间、经常居住地、地方病地区居住史、吸烟史、饮酒史、毒品接触史、其他、婚育情况、配偶健康状况、家族史、过敏史、过敏药品等。

体格检查包括生命体征（体温、脉搏、呼吸、血压）、一般情况（发育、营养、表情、检查合作情况、体型、步态、体位、神志）、皮肤黏膜（色泽、皮疹类型及分布、皮下出血类型及分布、水肿部位及程度、肝掌、蜘蛛痣、其他）、淋巴结、头部检查（头颅大小、形态、头发分布）、眼（眼、瞳孔、瞳孔对光反射、其他）、耳（耳廓、外耳道分泌物、乳突压痛、听力障碍）、鼻（鼻翼煽动、分泌物、副鼻窦压痛）、口腔（空腔、齿列、齿龈、其他）、颈部（颈项强直、颈动脉、颈动脉杂音、颈静脉、肝颈静脉回流征、气管、甲状腺、血管杂音）、胸部（胸廓、乳房、胸骨叩痛）、肺部（呼吸运动、语颤、胸膜摩擦感、皮下捻发感、叩诊、肺下界、锁骨中线、腋中线、肩胛线、肺下界移动度、呼吸音、啰音、语音传导、胸膜摩擦音）、心（心尖搏动、剑突下搏动、心尖搏动位置、震颤、心包摩擦感、心相对浊音界、心率、心律、心音、附加心音、心包摩擦音、杂音、周围血管征）、腹部（外形、胃型、肠型、腹壁静脉曲张、手术疤痕、触诊、压痛、反跳痛、肝、胆囊、征、脾、肝浊音界、肝上界、移动性浊音、肠鸣音、气过水声、血管杂音）、直肠肛门、外生殖器、脊柱、四肢、神经系统等。

辅助检查包括新型冠状病毒核酸检测、血常规检测、血生化检测、血型鉴定、超敏 C 反应蛋白测定、大便检查、单纯疱疹病毒 IgG 抗体测定、单纯疱疹病毒 IgM 抗体测定、电解质测定五项、淀粉酶测定、肺炎衣原体抗体（IgG+IgM）检测、肺炎支原体抗体（IgG+IgM）检测、肺炎支原体 DNA 检测、肺肿瘤筛查、肝病自身抗体全套检测、肝功能十五项检测、肝炎全套检测、肝纤维化检查、各种穿刺液常规检查、骨代谢标志物检测、冠心病常规检查、红细胞沉降率检测、呼吸道 4 项病毒核酸检测、呼吸道 7 项病原快速检测、甲功全套检测、甲胎蛋白检测、甲型或乙型流感病毒抗原检测、甲状旁腺激素检测、甲状腺抗体测定、降钙素原测定、结核分枝杆菌 DNA 检测、结核感染 T 细胞检测、精液检查、抗-HEV-IgM 检测、抗-HIV 检测、抗-TP 检测、抗核抗体谱（IgG）检测、抗核抗体全套检测、抗甲状腺过氧化物酶抗体检测、抗甲状腺球蛋白抗体（TGAb）测定、抗结核分枝杆菌抗体检测、抗磷脂抗体测定、抗胰岛素抗体测定、抗中性粒细胞胞浆抗体（ANCA）测定、类风湿全套检测、淋巴细胞亚群（TBNK）分析、鳞状上皮细胞癌抗原测定、免疫球蛋白定量测定、免疫全套检测、男性肿瘤全套检测、尿常规检测、尿干化学+尿有形成分分析、尿妊娠试验、尿微量白蛋白或尿肌酐测定、凝血常规检测、凝血全套检测、女性肿瘤全套检测、呕吐物隐血检测、葡萄糖测定（空腹）、葡萄糖测定（餐后0.5小时）、葡萄糖测定（餐后1小时）、葡萄糖测定（餐后2小时）、呼吸道七项病毒检测、醛固酮测定、人巨细胞病毒DNA定量检测、人类巨细胞病毒IgG抗体检测、人类巨细胞病毒IgM抗体检测、人绒毛膜促性腺激素测定（β-HCG）、乳腺肿瘤筛查、神经元特异性烯醇化酶测定（NSE）、肾病尿液筛查、肾功能九项检测、肾素-血管紧张素RASS测定、输血前检查、糖化血红蛋白检测、糖类抗原测定（CA72-4）、铁蛋白测定、同型半光氨酸测定、外周血细胞形态测定、网织红细胞计数、微量元素测定（全套）、胃肠胰腺肿瘤筛查、心肌酶谱六项检测、心梗三项检测、性激素全套检测、胸腹水生化检测、血氨测定、血浆D-二聚体（D-Dimer）测定、血浆凝血酶原时间（PT）测定、血浆皮质醇测定、血气检查、血清C肽测定（空腹）、血清C肽测定（餐后0.5小时）、血清C肽测定（餐后1小时）、血清C肽测定（餐后2小时）、血清促甲状腺激素测定、血清低密度脂蛋白胆固醇测定、血清甘油三酯测定、血清高密度脂蛋白胆固醇测定、血清谷氨酸脱羧酶抗体（GAD65）检测、血清肌钙蛋白I测定、血清肌红蛋白测定、血清甲状腺素（T4）测定、血清尿酸测定、血清三碘甲状原氨酸（T3）测定、血清生长激素测定、血清铁常规检测、血清胰岛素测定（空腹）、血清胰岛素测定（餐后0.5小时）、血清胰岛素测定（餐后1小时）、血清胰岛素测定（餐后2小时）、血清游离甲状腺素（FT4）测定、血清游离三碘甲状原氨酸（FT3）测定、血清脂肪酶测定、血清总胆固醇测定、血清总胆汁酸测定、血液流变学分析、血脂全套检测、炎症组合-IL6检测、炎症组合-PCT检测、叶酸检测、胰腺炎筛查、乙肝DNA定量测定、乙肝全套检测、游离前列腺特异抗原（fPSA）测定、真菌D-葡聚糖检测、总前列腺特异抗原（tPSA）测定等。上述所有为辅助检查的各检查项目名称，每条检查项目中都包括多条当前检查项目的项目指标，这里就不一一列举了。

其他检查包括肺部CT、心电图检测等。

医嘱包括医嘱开始时间、医嘱类型、医嘱内容、用药剂量、医嘱状态、执行时间等。

护理记录包括护理等级、氧疗、一般专项护理、基础护理、翻身拍背等。

病程记录包括查房时间、查房医生职称、查房结论（一般情况、病情变化、治疗情况、会诊记录、出入院时间、死亡记录、手术记录、术后记录）等。

出入院记录包括病历号、入院时间、主诉、病情程度、症状描述、入院诊断、出院时间、出院结论（包含病人症状、体征、检查结果、诊断、治疗方法及过程、治疗结果）、住院天数等。

通过解析原始病历内容并对其进行版块拆解，我们可以大致了解临床病历的结构，同时根据数据库建设需要（如表格内容尽量简单等需求），继续剖析每个版块中的结构，发现每个版块内部结构中存在的关系。除了病人基本信息版块，其他版块如既往史、体格检查、辅助检查、其他检查都同时存在更深层次的结构，并且辅助检查和其他检查当中除了包含很多检查项目，还包含很多检查项目的正常参考区间，而出入院记录又可以分解为入院记录和出院记录。

为了方便建设数据库中的数据表，存储数据，需要将这些结构进行拆解和合并。可将既往史拆解为既往史和分类两个版块，既往史版块包括不同既往史分类字段，分类版块则包括每个既往史分类的项目字段和描述字段；将体格检查拆解为体格检查和检查部位两个版块，体格检查版块包括检查部位字段，检查部位版块包括检查项字段、检查结果字段和检验方法字段；将辅助检查和其他检查合并为辅助检查，命名为检验项目，其中包含项目名称字段、检验时间字段和样本类型字段，同时建立项目指标版块，包含指标名称字段、指标名称英文缩写字段、数据类型字段、数字指标值字段、字符指标值字段、检验方法字段和单位字段，同时将检验项目中每个项目指标的参考区间独立出来成为一个版块，包含类型字段、上限字段和下限字段；将医嘱和护理记录合并到医嘱版块。这样做就确定了武汉中心医院临床病历数据表格和数据表的表头，每个数据表的名称和表头如下所示（括号中内容为数据表的表头）：

病人基本信息表（姓名、拼音码、性别、出生日期、年龄、血型、国籍、籍贯、出生地、民族、文化程度、婚姻状况、宗教信仰、职业、单位）；

入院信息表（病历号、入院时间、病情程度、入院诊断）；

既往史表（分类名称）；

既往史分类表（项目、描述）；

体格检查表（检查部位）；

检查部位表（检查项、检查结果、检查方法）；

检验项目表（项目名称、检验时间、样本类型）；

项目指标表（指标名称、指标名称英文缩写、数据类型、数字指标值、字符指标值、检验方法、指标单位）；

指标参考区间表（类型、上限、下限）；

医嘱表（开始时间、医嘱类型、医嘱内容、剂量、执行时间、状态）；

病程记录表（查房时间、查房医生职称、查房结论）；

出院信息表（出院日期、住院天数、出院结论）。

随后，整理一遍患者从入院到出院的流程，如患者入院后提供病人基本信息，随后记录入院信息，提供相关既往史，然后进行体格检查、辅助检查和其他检查，入院治疗会有医嘱和病程记录，治疗结束后会有出院信息。接下来就可以根据上述各个数据表的信息和患者从入院到出院的流程剖析各数据表间的关系，完成关系剖析后即可进行 E-R 图的绘制。

## 3.2 临床病历各版块之间的关系剖析和 E-R 图绘制

在 3.1 中，我们确定了数据库的 12 个数据表，并且确定了每个表格中的表头，接下来就可以整理各数据表之间的关系。

通过对医院患者入院流程的整理，可以得知一个病人可能有再次入院的情况，多个入院信息表可能是属于同一个病人的，因此病人基本信息表和入院信息表的关系是一对多的关系（$1:n$）；一份入院信息对应着多种既往史（如个人史、婚育史、家族史、手术外伤史、过敏史、吸烟史、饮酒史、基础疾病等），而且一位患者的多个既往史仅对应着一份入院信息，因此入院信息表与既往史表的关系是一对多的关系（$1:n$）；一个既往史对应着多个既往史分类（如基础疾病对应着人体八大系统症状、平素健康状况等，家族史对应着父亲、母亲的信息等），因此既往史表与既往史分类表之间的关系是一对多的关系（$1:n$）；一份入院信息对应着多种体格检查（如生命体征检查，一般情况检查，眼、耳、口、鼻等部位的检查），而一位患者的多种体格检查对应着一份入院信息，因此入院信息表与体格检查表的关系是一对多的关系（$1:n$）；一位患者的一种体格检查表中有多个检查项目（如生命体征检查包含体温、脉搏、呼吸、血压等检查项，一般情况检查包含发育、营养、表情、体型、步态、体位等检查项），因此体格检查表与检查部位表的关系是一对多的关系（$1:n$）；一份入院信息对应着多种检验项目（如血生化、血常规、肝功能、肾功能、血脂等），而一个患者的多种检验项目统一对应着一份入院信息，因此入院信息表与检验项目表的关系是一对多的关系（$1:n$）；一个患者的一种检验项目对应着多个检验指标（如血生化检验中有 α-L 岩藻糖苷酶、α-羟丁酸脱氢酶、α1-微球蛋白、总胆红素、直接胆红素、间接胆红素等检验指标，血常规检验中包含白细胞、红细胞、血小板等细胞计数和百分数等检验指标），而一个患者的多种检验指标对应一种检验项目，因此检验项目表与项目指标表的关系是一对多的关系（$1:n$）；每个项目指标都有两个参考范围即上限和下限，因此项目指标表和指标参考区间表的关系是一对多的关系（1∶$n$）；每一份入院信息对应的医嘱有很多条（如中药用药医嘱、西药用药医嘱、护理医嘱等），但是同一个患者的医嘱仅对应一份入院信息，因此入院信息表与医嘱表的关系是一对多的关系（1∶$n$）；每一位患者的入院信息对应着多条病程记录，同样的同一个患者的多条病程记录仅对应一份入院信息，因此入院信息表与病程记录表的关系是一对多的关系（1∶$n$）；每一位患者的入院信息对应着多条出院信息，而同一个患者的多条出院信息仅对应一份入院信息，因此入院信息表与出院信息表的关系是一对多的关系（1∶$n$）。

在整理清楚上述各数据表之间的关系后，使用 Visual Paradigm 工具完成数据库 E-R 图的绘制，如图 3-1 所示。

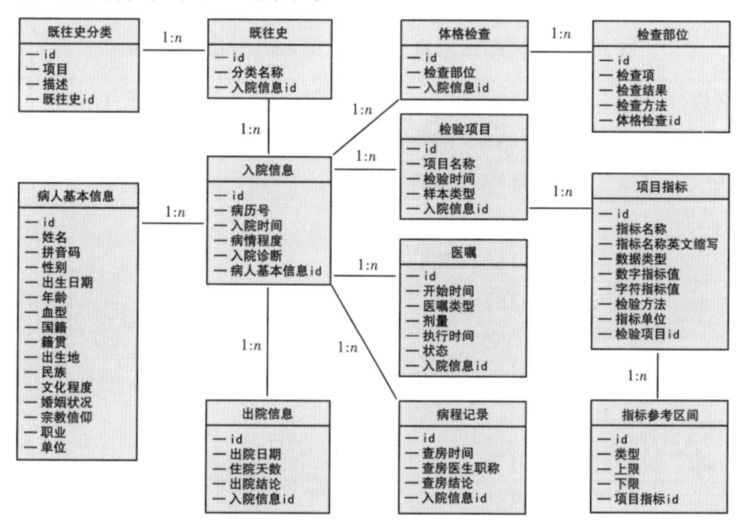


**图 3-1　武汉中心医院临床病历数据库 E-R 图**

## 3.3　数据库创建前的各数据表命名规范与结构设计

由图 3-1 可知数据库建设中每个数据表的名称及其表头的名称，但是数据库中的数据表名称和表头名称需要用英文表示，且要使用英文下划线“_”代替空格，因此，我们需要将每张数据表的名称和表头名称转换为相应的英文名称，以便后面数据表结构的设计和数据库框架的构建。数据表名称和表头名称的英文转换原则应通俗易懂，且在每张表中添加相应的主键 id 和需要添加的外键 id。

第 2 章中讲到，通常将使用的数据表的主键 id 类型设置为 INT 整数型且约束条件为自增序列，其中的整数型主键 id 自增序列只能生成基于表内的唯一值，且需要搭配使其为唯一的主键，因此我们在此处使用 VARCHAR（255）字符串类型的 UUID——UUID 是随机+规则组合而成的字符串类型的 id，每一个固定长度为 36 个字符，可以生成在时间、空间上都独一无二的值，以有效防止主键之间的冲突。数据表中的 UUID 可以使用程序的方式生成，也可以直接使用 MySQL 数据库中的 UUID（）函数自增生成。在本书中，我们使用的是 Python 程序中的 UUID 库生成的 UUID，具体的 UUID 生成方式及相应的程序代码详见第 4 章的数据插入操作。

具体的每个数据表的名称及其表头名称英文转换和相关数据表的结构设计、数据类型、约束条件等见表 3-1～表 3-12。接下来，就可以根据 E-R 图和数据表结构设计进行数据库框架的搭建。

**表 3-1　病人基本信息（basic_patient_information）**

| 表头名称 | 数据类型 | 可否为空 | 约束条件 | 说明 |
|---|---|---|---|---|
| id | VARCHAR（255） | NOT NULL | 主键 | |
| name | VARCHAR（255） | — | 无 | 姓名 |
| pinyin_code | VARCHAR（255） | — | 无 | 拼音码 |
| sex | VARCHAR（255） | — | 无 | 性别 |
| date_of_birth | DATETIME | — | 无 | 出生日期 |
| age | INT | — | 无 | 年龄 |
| blood_type | VARCHAR（255） | — | 无 | 血型 |
| nationality | VARCHAR（255） | — | 无 | 国籍 |
| hometown | VARCHAR（255） | — | 无 | 籍贯 |
| birthplace | VARCHAR（255） | — | 无 | 出生地 |
| ethnic | VARCHAR（255） | — | 无 | 民族 |
| education_level | VARCHAR（255） | — | 无 | 文化程度 |
| marital_status | VARCHAR（255） | — | 无 | 婚姻状况 |
| faith | VARCHAR（255） | — | 无 | 宗教信仰 |
| professional | VARCHAR（255） | — | 无 | 职业 |
| workplace | VARCHAR（255） | — | 无 | 工作单位 |

**表 3-2　入院信息（admission_information）**

| 表头名称 | 数据类型 | 可否为空 | 约束条件 | 说明 |
|---|---|---|---|---|
| id | VARCHAR（255） | NOT NULL | 主键 | |
| admission_time | DATETIME | — | 无 | 入院时间 |
| conditions | VARCHAR（255） | — | 无 | 病情程度 |
| medical_record_number | VARCHAR（255） | — | 无 | 病历号 |

续表

| 表头名称 | 数据类型 | 可否为空 | 约束条件 | 说明 |
| --- | --- | --- | --- | --- |
| admission_diagnosis | LONGTEXT | — | 无 | 入院诊断 |
| basic_patient_information_id | VARCHAR（255） | — | 无 | 病人基本信息 id |

**表 3-3　既往史（post_medical_history）**

| 表头名称 | 数据类型 | 可否为空 | 约束条件 | 说明 |
| --- | --- | --- | --- | --- |
| id | VARCHAR（255） | NOT NULL | 主键 | |
| name | VARCHAR（255） | — | 无 | 分类名称 |
| admission_information_id | VARCHAR（255） | — | 无 | 入院信息 id |

**表 3-4　既往史分类（post_medical_history_classification）**

| 表头名称 | 数据类型 | 可否为空 | 约束条件 | 说明 |
| --- | --- | --- | --- | --- |
| id | VARCHAR（255） | NOT NULL | 主键 | |
| project | VARCHAR（255） | — | 无 | 项目 |
| description | LONGTEXT | — | 无 | 描述 |
| past_medical_history_id | VARCHAR（255） | | | 既往史 id |

**表 3-5　体格检查（physical_examination）**

| 表头名称 | 数据类型 | 可否为空 | 约束条件 | 说明 |
| --- | --- | --- | --- | --- |
| id | VARCHAR（255） | NOT NULL | 主键 | |
| check_part | VARCHAR（255） | — | 无 | 检查部位 |
| admission_information_id | VARCHAR（255） | — | 无 | 入院信息 id |

**表 3-6　检查部位（checkpoint）**

| 表头名称 | 数据类型 | 可否为空 | 约束条件 | 说明 |
| --- | --- | --- | --- | --- |
| id | VARCHAR（255） | NOT NULL | 主键 | |
| check_item | VARCHAR（255） | — | 无 | 检查项 |
| inspection_result | VARCHAR（255） | — | 无 | 检查结果 |
| inspection_method | VARCHAR（255） | — | 无 | 检查方法 |
| physical_examination_id | VARCHAR（255） | — | 无 | 体格检查 id |

**表 3-7　检验项目（inspection_item）**

| 表头名称 | 数据类型 | 可否为空 | 约束条件 | 说明 |
| --- | --- | --- | --- | --- |
| id | VARCHAR（255） | NOT NULL | 主键 | |
| project_name | VARCHAR（255） | — | 无 | 项目名称 |
| sample_type | VARCHAR（255） | — | 无 | 样本类型 |

续表

| 表头名称 | 数据类型 | 可否为空 | 约束条件 | 说明 |
|---|---|---|---|---|
| createtime | DATETIME | — | 无 | 检验时间 |
| admission_information_id | VARCHAR（255） | — | 无 | 入院信息 id |

**表 3-8 项目指标（project_indicators）**

| 表头名称 | 数据类型 | 可否为空 | 约束条件 | 说明 |
|---|---|---|---|---|
| id | VARCHAR（255） | NOT NULL | 主键 | |
| name | VARCHAR（255） | — | 无 | 指标名称 |
| abbreviation | VARCHAR（255） | — | 无 | 指标名称英文缩写 |
| type_of_data | VARCHAR（255） | — | 无 | 数据类型 |
| digital_index_value | FLOAT | — | 无 | 数字指标值 |
| character_index_value | LONGTEXT | — | 无 | 字符指标值 |
| method | VARCHAR（255） | — | 无 | 检验方法 |
| unit | VARCHAR（255） | — | 无 | 单位 |
| inspection_item_id | VARCHAR（255） | — | 无 | 检验项目 id |

**表 3-9 指标参考区间（reference_interval）**

| 表头名称 | 数据类型 | 可否为空 | 约束条件 | 说明 |
|---|---|---|---|---|
| id | VARCHAR（255） | NOT NULL | 主键 | |
| type | VARCHAR（255） | — | 无 | 类型 |
| lower_limit | FLOAT | — | 无 | 下限 |
| upper_limit | FLOAT | — | 无 | 上限 |
| project_indicators_id | VARCHAR（255） | — | 无 | 项目指标 id |

**表 3-10 医嘱（medical_advice）**

| 表头名称 | 数据类型 | 可否为空 | 约束条件 | 说明 |
|---|---|---|---|---|
| id | VARCHAR（255） | NOT NULL | 主键 | |
| starting_time | DATETIME | — | 无 | 开始时间 |
| type | VARCHAR（255） | — | 无 | 医嘱类型 |
| medical_order_content | LONGTEXT | — | 无 | 医嘱内容 |
| dose | VARCHAR（255） | — | 无 | 剂量 |
| execution_time | DATETIME | — | 无 | 执行时间 |
| status | VARCHAR（255） | — | 无 | 状态 |
| admission_information_id | VARCHAR（255） | — | 无 | 入院信息 id |

**表 3-11　病程记录（progress_note）**

| 表头名称 | 数据类型 | 可否为空 | 约束条件 | 说明 |
|---|---|---|---|---|
| id | VARCHAR（255） | NOT NULL | 主键 | |
| time | DATETIME | — | 无 | 查房时间 |
| round_doctor_title | VARCHAR（255） | — | 无 | 查房医生职称 |
| conclusion | LONGTEXT | — | 无 | 查房结论 |
| admission_information_id | VARCHAR（255） | — | 无 | 入院信息 id |

**表 3-12　出院信息（discharge_information）**

| 表头名称 | 数据类型 | 可否为空 | 约束条件 | 说明 |
|---|---|---|---|---|
| id | VARCHAR（255） | NOT NULL | 主键 | |
| discharge_date | DATETIME | — | 无 | 出院日期 |
| hospitalization_days | INT | — | 无 | 住院天数 |
| discharge_conclusion | LONGTEXT | — | 无 | 出院结论 |
| admission_information_id | VARCHAR（255） | — | 无 | 入院信息 id |

# 第 4 章　临床病历数据库建设实例

本书第 3 章对建设武汉中心医院临床病历数据库进行了各种构思和设计，本章将这些思路和设计具体运用到数据库建设实例中，包括数据库和数据表创建的数据库框架搭建，随后使用 Python 程序将临床病历的各种数据导入数据库，并列举了几个常见的查询实例。

## 4.1　临床病历数据库和数据表的创建

根据本书第 2 章中对 MySQL workbench 数据库创建的操作说明，使用 MySQL workbench 登录本地数据库管理系统创建武汉中心医院临床病历数据库，将数据库命名为 clinical_medical_record_database，数据库默认编码模式选为 utf8mb4 和 utf8mb4_gener（utf8mb4_genneral_ci），如图 4-1 所示。完成上述数据库名称的输入以及数据库默认编码模式的选择后，点击【Apply】完成数据库的创建。

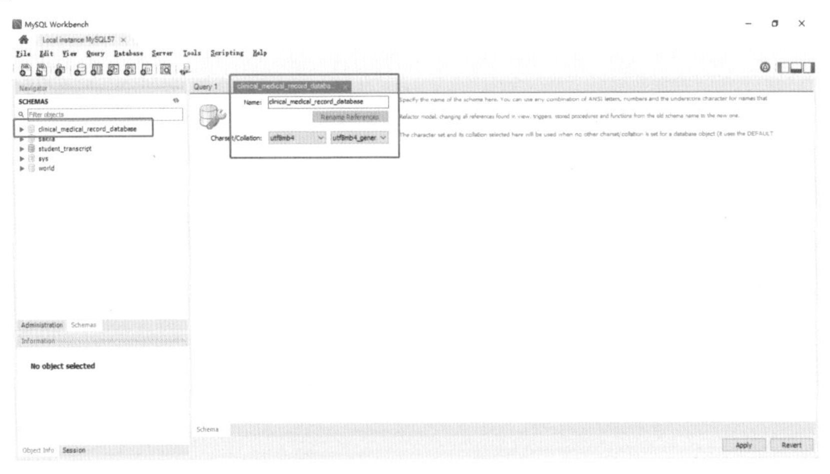


**图 4-1　创建武汉中心医院临床病历数据库**

根据本书第 2 章中对 MySQL workbench 数据表创建的操作说明和第 3 章中表 3-1 的结构设计创建病人基本信息表，并增加相应表头，选择相应的数据类型和约束条件，如图 4-2 所示。完成上述数据表表头名称的输入、数据类型的选择、约束条件的勾选以及数据表注释和各表头的注释后，点击【Apply】完成病人基本信息表的创建。

图 4-2　创建病人基本信息表

根据本书第 2 章中对 MySQL workbench 数据表创建的操作说明和第 3 章中表 3-2 的结构设计创建入院信息表，并增加相应表头，选择相应的数据类型和约束条件，如图 4-3 所示。完成上述数据表表头名称的输入、数据类型的选择、约束条件的勾选以及数据表注释和各表头的注释后，点击【Apply】完成入院信息表的创建。

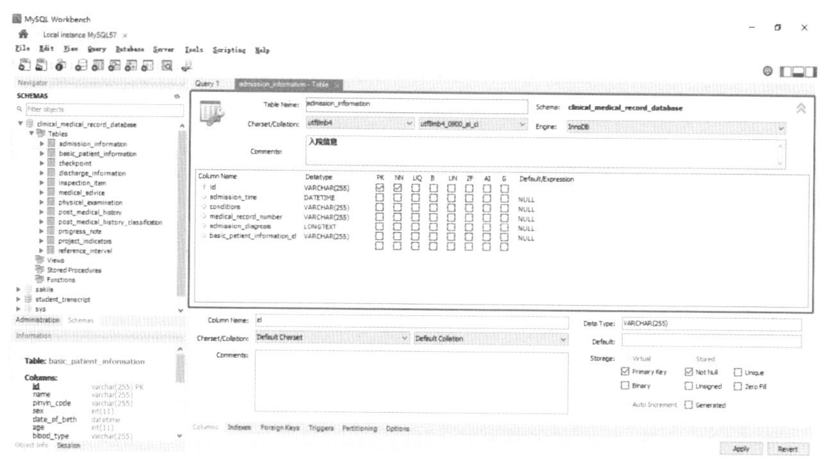


图 4-3　创建入院信息表

根据本书第 2 章中对 MySQL workbench 数据表创建的操作说明和第 3 章中表 3-3 的结构设计创建既往史表，并增加相应表头，选择相应的数据类型和约束条件，如图 4-4 所示。完成上述数据表表头名称的输入、数据类型的选择、约束条件的勾选以及数据表注释和各表头的注释后，点击【Apply】完成既往史表的创建。

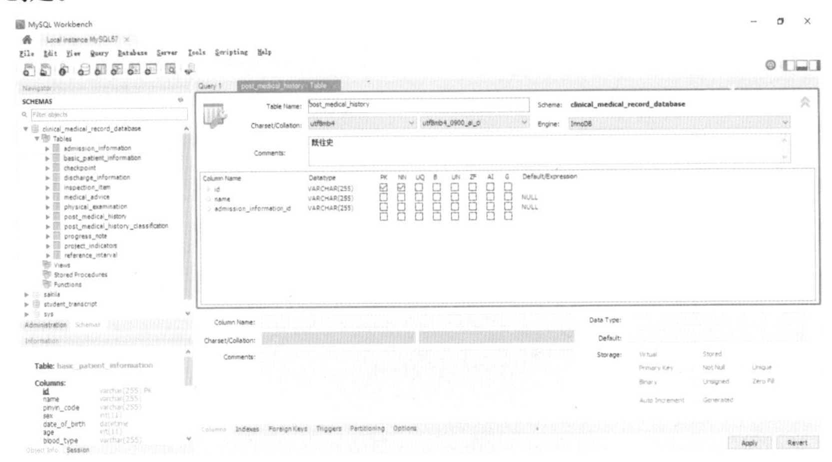


图 4-4　创建既往史表

根据本书第 2 章中对 MySQL workbench 数据表创建的操作说明和第 3 章中表 3-4 的结构设计创建既往史分类表，并增加相应表头，选择相应的数据类型和约束条件，如图 4-5 所示。完成上述数据表表头名称的输入、数据类型的选择、约束条件的勾选以及数据表注释和各表头的注释后，点击【Apply】完成既往史分类表的创建。

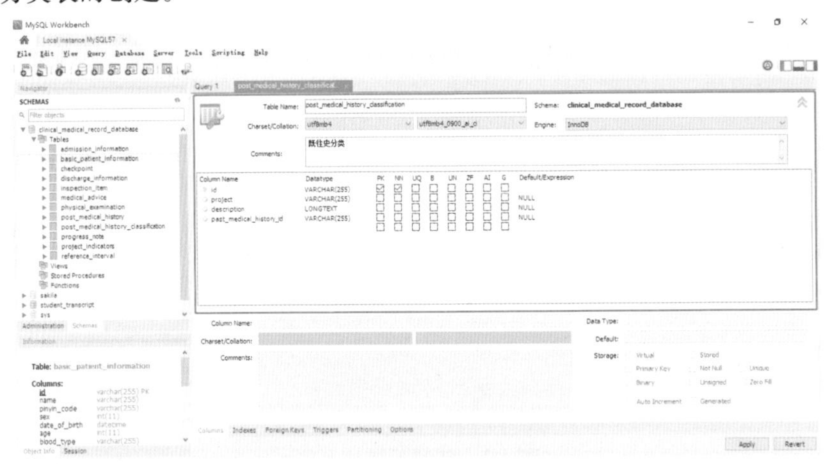


图 4-5　创建既往史分类表

根据本书第 2 章中对 MySQL workbench 数据表创建的操作说明和第 3 章中表 3-5 的结构设计创建体格检查表，并增加相应表头，选择相应的数据类型和约束条件，如图 4-6 所示。完成上述数据表表头名称的输入、数据类型的选择、约束条件的勾选以及数据表注释和各表头的注释后，点击【Apply】完成体格检查表的创建。

图 4-6　创建体格检查表

根据本书第 2 章中对 MySQL workbench 数据表创建的操作说明和第 3 章中表 3-6 的结构设计创建检查部位表，并增加相应表头，选择相应的数据类型和约束条件（图 4-7）。完成上述数据表表头名称的输入、数据类型的选择、约束条件的勾选以及数据表注释和各表头的注释后，点击【Apply】完成检查部位表的创建。

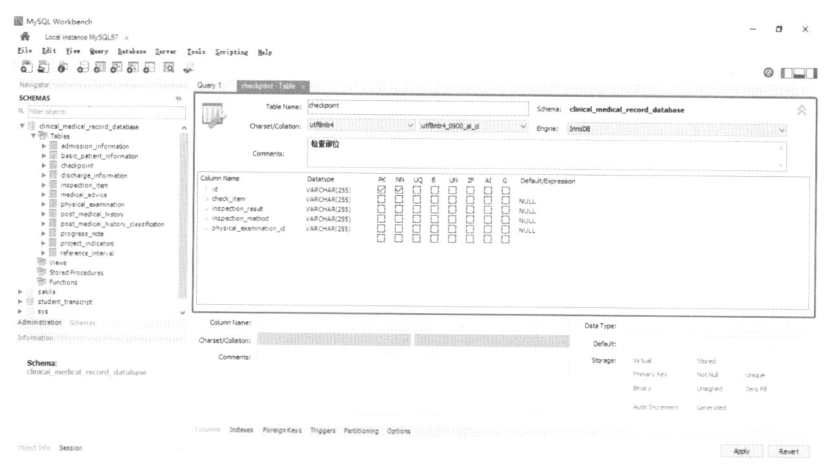


图 4-7　创建检查部位表

根据本书第 2 章中对 MySQL workbench 数据表创建的操作说明和第 3 章中表 3-7 的结构设计创建检验项目表，并增加相应表头，选择相应的数据类型和约束条件，如图 4-8 所示。完成上述数据表表头名称的输入、数据类型的选择、约束条件的勾选以及数据表注释和各表头的注释后，点击【Apply】完成检验项目表的创建。

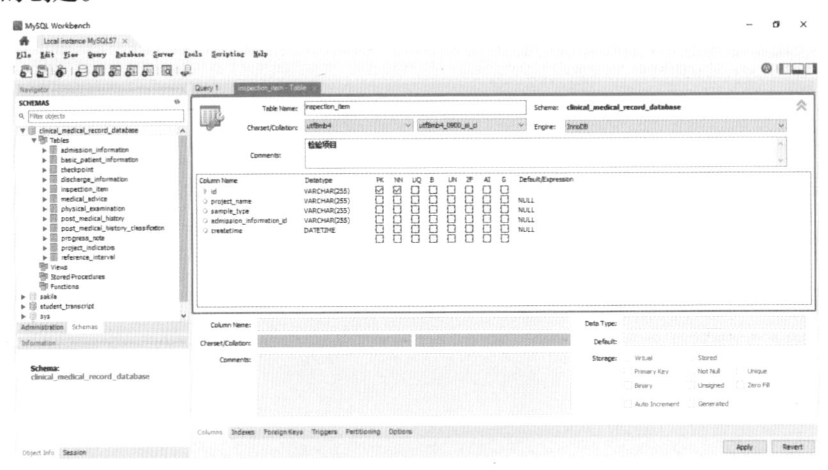


图 4-8　创建检验项目表

根据本书第 2 章中对 MySQL workbench 数据表创建的操作说明和第 3 章中表 3-8 的结构设计创建项目指标表，并增加相应表头，选择相应的数据类型和约束条件，如图 4-9 所示。完成上述数据表表头名称的输入、数据类型的选择、约束条件的勾选以及数据表注释和各表头的注释后，点击【Apply】完成项目指标表的创建。

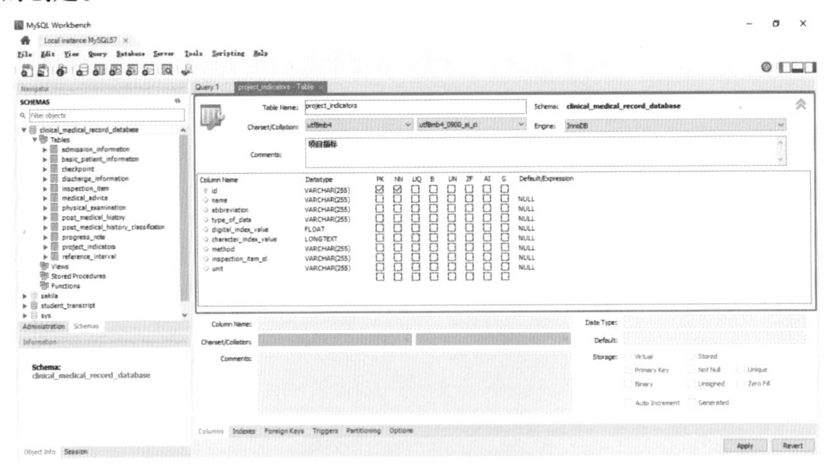


图 4-9　创建项目指标表

根据本书第 2 章中对 MySQL workbench 数据表创建的操作说明和第 3 章中表 3-9 的结构设计创建指标参考区间表，并增加相应表头，选择相应的数据类型和约束条件，如图 4-10 所示。完成上述数据表表头名称的输入、数据类型的选择、约束条件的勾选以及数据表注释和各表头的注释后，点击【Apply】完成指标参考区间表的创建。

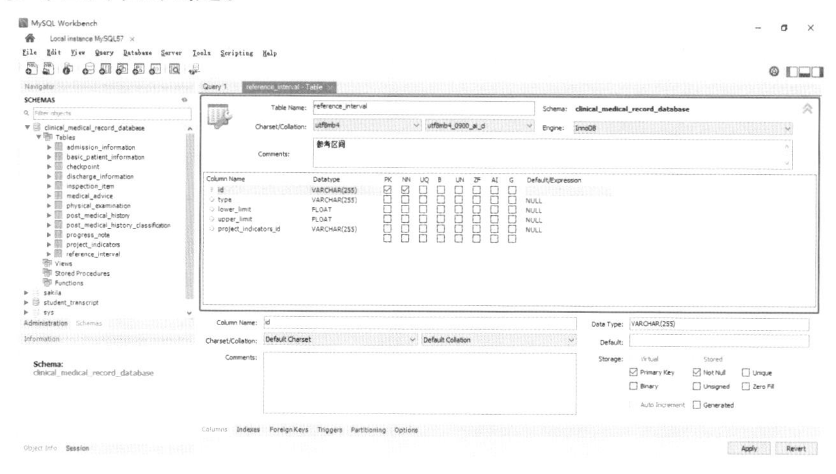


图 4-10　创建指标参考区间表

根据本书第 2 章中对 MySQL workbench 数据表创建的操作说明和第 3 章中表 3-10 的结构设计创建医嘱表，并增加相应表头，选择相应的数据类型和约束条件，如图 4-11 所示。完成上述数据表表头名称的输入、数据类型的选择、约束条件的勾选以及数据表注释和各表头的注释后，点击【Apply】完成医嘱表的创建。

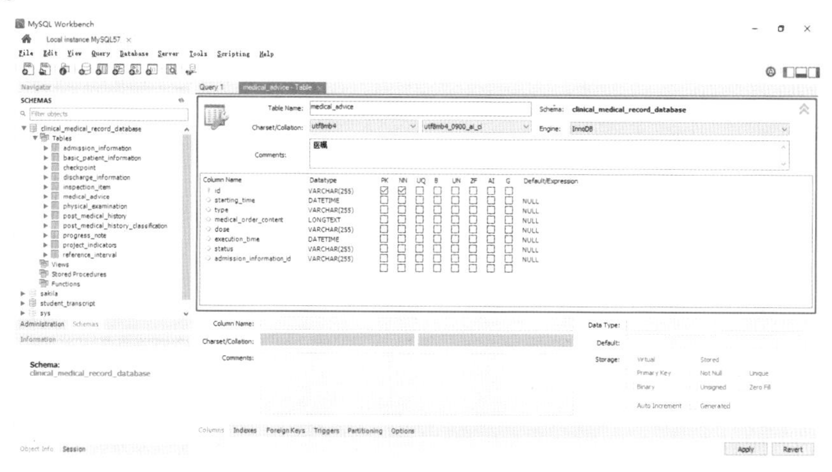


图 4-11　创建医嘱表

根据本书第 2 章中对 MySQL workbench 数据表创建的操作说明和第 3 章中表 3-11 的结构设计创建病程记录表，并增加相应表头，选择相应的数据类型和约束条件，如图 4-12 所示。完成上述数据表表头名称的输入、数据类型的选择、约束条件的勾选以及数据表注释和各表头的注释后，点击【Apply】完成病程记录表的创建。

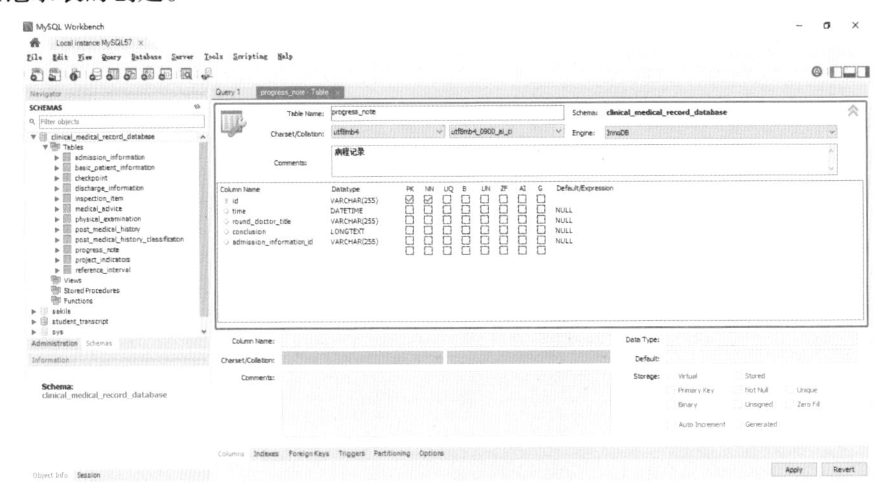


**图 4-12　创建病程记录表**

根据本书第 2 章中对 MySQL workbench 数据表创建的操作说明和第 3 章中表 3-12 的结构设计创建出院信息表，并增加相应表头，选择相应的数据类型和约束条件，如图 4-13 所示。完成上述数据表表头名称的输入、数据类型的选择、约束条件的勾选以及数据表注释和各表头的注释后，点击【Apply】完成出院信息表的创建。

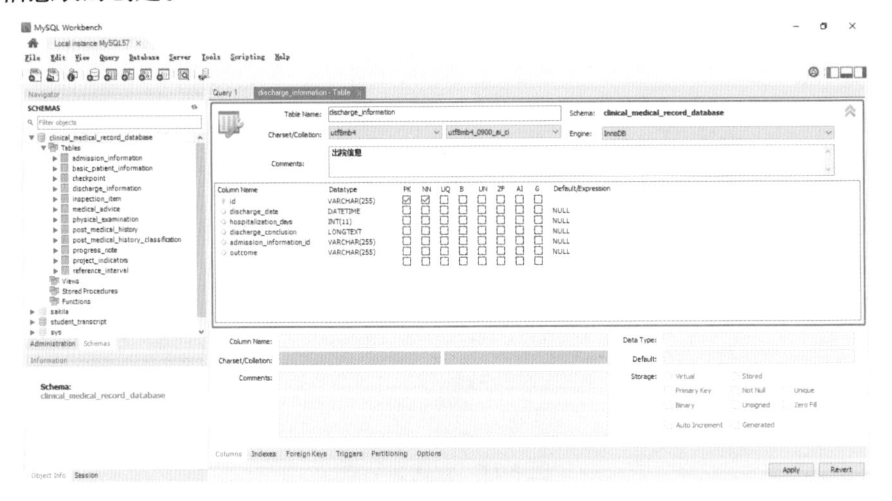


**图 4-13　创建出院信息表**

## 4.2　临床病历数据库病历数据的导入

由于医院原始病历格式有 Word 和 HTML 两种，需要先编写相应的 Word 解析算法将病历九大版块的信息提取出来并放置到 Excel 中保存，编写爬虫程序将 HTML 格式的原始病历信息爬取下来同时放置到 Excel 中保存，以此完成对原始病历数据的提取，接下来再着手数据库的数据导入工作。原始病历数据提取的具体操作方法请读者自行查询学习。

原始病历数据提取得到的表格如图 4-14 所示，总共提取出 7 个表格，其中医嘱和护理记录版块包含在治疗过程表格中，入院信息和出院信息包含在出入院诊断表格中。其中检验报告表格包含多个 sheet，每个 sheet 中的内容为一项检验项目的所有检验指标结果；其他表格均为只有一个 sheet 的单表头表格，表格格式如图 4-15 中病人基本信息表格所示。

病程记录.xlsx
病人基本信息.xlsx
出入院诊断.xlsx
既往史.xlsx
检验报告.xlsx
体格检查.xlsx
治疗过程.xlsx

图 4-14　原始病历提取表格

| 姓名 | 拼音码 | 性别 | 出生日期 | 年龄 | 血型 | 国籍 | 籍贯 | 出生地 | 民族 | 文化程度 | 宗教信仰 | 婚姻状况 | 职业 | 单位 | 医 |
|---|---|---|---|---|---|---|---|---|---|---|---|---|---|---|---|
| | ds | 男 | 1953-08-066 | | | 中国 | 湖北 | 湖北武汉 | 汉族 | | | 已婚 | 退(离)休人 | 无 | 医 |
| | dsg | 男 | 1953-08-166 | | | 中国 | 湖北武汉 | 湖北武汉 | 汉族 | | | 已婚 | 退(离)休人 | 武钢第二职 | |
| | WJ | 女 | 1979-07-040岁 | | | 中国 | 湖北 | 湖北省咸宁 | 汉族 | | | 已婚 | 其他 | 湖北省咸宁 | 医 |
| | wss | 男 | 1950-08-269 | | | 中国 | 江西南昌 | 江西南昌 | 汉族 | 高中 | | 已婚 | 工人 | 武汉建工 | 医 |
| | wyg | 男 | 1941-12-278 | | | 中国 | 武汉市 | 武汉市 | 汉族 | | | 已婚 | 其他 | 无 | 医 |
| | wdm | 男 | 1944-09-275 | | | 中国 | 湖北 | 武汉 | 汉族 | | | 已婚 | 其他 | 武汉 | |
| | wyz | 男 | 1940-12-379 | | | 中国 | 武汉 | 武汉 | 汉族 | 大专 | | 已婚 | 退(离)休人 | 不祥 | 医 |
| | yss | 男 | 1938-07-081 | | | 中国 | 湖北 | 武汉 | 汉族 | | | 已婚 | 退休 | - | 医 |
| | ylj | 女 | 1991-07-128 | | | 中国 | 辽宁 | 辽宁 | 汉族 | 本科 | | 已婚 | 护士 | 武汉市中心 | 医 |
| | ymz | 女 | 1975-10-244 | | | 中国 | 湖北 | 湖北武汉 | 汉族 | | | 已婚 | 职员 | 武汉市江岸 | 医 |
| | yyx | 女 | 1961-08-158 | | | 中国 | 湖北省 | 湖北省 | 汉族 | | | 已婚 | 退(离)休人 | 红星玉制品 | 医 |
| | lyj | 女 | 1933-11-286 | | | 中国 | 武汉 | 武汉 | 汉族 | | | 丧偶 | 退(离)休人 | 无 | 医 |
| | yzd | 男 | 1958-05-261 | | | 中国 | 广西柳州 | 广西柳州 | 汉族 | | | 已婚 | 退(离)休人 | 广西来宾市 | 公 |
| | fxm | 女 | 1959-08-060 | | | 中国 | 湖北武汉 | 湖北武汉 | 汉族 | | | 已婚 | 其他 | - | 医 |
| | fcw | 男 | 1993-07-126 | | | 中国 | 武汉 | 武汉 | 汉族 | 中专 | | 未婚 | 无业人员 | 无 | 医 |
| | fzz | 男 | 1970-09-049 | | | 中国 | 黑龙江 | 黑龙江齐齐 | 汉族 | | | 未婚 | 其他 | 无 | |
| | flf | 男 | 1939-04-080 | | | 中国 | 湖北 | 武汉 | 汉族 | | | 已婚 | 无业人员 | 无 | 医 |
| | fsq | 女 | 1955-09-264 | | | 中国 | 武汉 | 武汉 | 汉族 | | | 已婚 | 退(离)休人 | - | 医 |
| | fyh | 女 | 1935-05-184 | | | 中国 | 武汉 | 武汉 | 汉族 | | | 丧偶 | 退(离)休人 | - | 医 |
| | dh | 男 | 1977-07-242 | | | 中国 | 安徽 | 安徽 | 汉族 | | | 已婚 | 职员 | - | 医 |
| | dxy | 女 | 1951-10-368 | | | 中国 | 武汉市 | 武汉市 | 汉族 | | | 已婚 | 退(离)休人 | - | 医 |
| | rhx | 女 | 1959-08-260 | | | 中国 | 武汉 | 武汉市江汉 | 汉族 | | | 已婚 | 退(离)休人 | 美品公司 | 医 |
| | hv | 男 | 1974-01-146 | | | 中国 | 浙江 | 浙江 | 汉族 | | | 已婚 | 其他 | - | 医 |

Sheet1

图 4-15　病人基本信息表格

由于病历数据量庞大，使用 MySQL workbench 手动输入太慢，我们通过编写相关算法的方式完成数据导入。MySQL 提供了多种编程语言的接口，如 Java、Python、PHP 等。本书使用的是 Python 编程，调用 MySQL 接口完成数据导入算法的编写。笔者建议，读者在阅读下面的 Python 算法之前，先对 Python 的基础知识及相关操作有一定了解和学习。

首先，使用 Python 的 pymysql 库，根据其使用方法连接本地数据库，使用

Python 的 pandas 库读取原始病历表格中的数据，套入循环语句按行进行数据表格的解析，并将每个表头下边解析出的单元格赋值给相应的数据库中的表头，并编写自动生成插入数据的 SQL 命令语句代码，执行此命令语句，将数据逐条插入数据库的数据表中。在对原始病历数据表格的数据进行解析和提取时，由于存在相同列的表达格式不同的情况（如性别列中的“男”与“男性”），需编写出统一相同列数据格式的代码，在提取出数据、将格式统一后再执行自动生成插入数据的 SQL 命令语句。同样的，UUID 使用 Python 中的 UUID 库自动生成，并且在主键 id 和外键 id 关联中根据表格中能够确定唯一病人信息的字段进行相关外键 id 的插入。

### 4.2.1 插入数据前的数据格式化

由于原始病历数据中不同医生对同一类型数据的输入格式不尽相同，如日期的输入格式有 2020.02.08、2020/10/26、2020_12_18 等，年龄的输入格式有 25 岁这种带有单位的情况等，在提取数据保存至 Excel 时其格式就存在差别。在导入数据库之前需要对数据格式进行统一，如统一日期格式（将日期格式统一为%Y-%m-%d），统一转换性别（转换规则为男转换为 1、女转换为 0），数据中带有单位的如“天”“岁”等情况则去掉单位只保留数字。

统一日期格式的代码示例（使用到的参数 value 为原始数据表中的所有日期数据，将此参数进行日期格式的统一转换）：

```
import time
def format_datetime(value):
    if value is not None and isinstance(value, str):
        value = value.strip()
        if value != '':
            value = time.strptime(value, '%Y年%m月%d日')
            return time.strftime('%Y-%m-%d', value).strip()
```

统一转换性别的代码示例（使用到的参数 value 为原始数据表中的所有性别数据，将此参数进行性别的统一转换）：

```
def format_sex(value):
    value = value.strip()
    if value == '男':
        return 1
    elif value == '女':
        return 0
    else:
        return None
```

处理带有单位数据的代码示例（使用到的参数 value 为原始数据表中的所有带有单位的数据，将此参数进行单位数据格式的统一转换）：

```
def format_day(value):
    if value is not None and isinstance(value, str):
        value = value.strip()
        return value.replace('天', '')


def format_age(value):
    if isinstance(value, str):
        value = value.strip()
        value = value.replace('岁', '')
    return int(value)
```

我们可以通过数据格式转换，尽可能地将所有不同格式的数据转换为相同类型，再将统一格式后的数据导入数据库当中，以方便数据的存储和后期数据的查询。

### 4.2.2　使用 Python 连接数据库

使用 Python 连接数据库需要使用 pymysql 库，因此在执行调用 pymysql 库之前需要使用 pip install pymysql 命令安装此库。安装成功后，即可使用 import pymysql 命令调用 pymysql 库，同时使用 pymysql 库中的 pymysql. connect ()连接数据库函数，输入函数中的相关参数 localhost（本地数据库）、user = "root"（用户名）、passwd = "123456"（数据库密码）、db = "clinical_medical_record_database"（需要连接到的数据库）进行本地数据库系统的连接，并连接到上文中建立的 clinical_medical_record_database 数据库，再进行接下来的操作。

使用 Python 连接 MySQL 数据库的代码示例：

```
import pymysql
def db_link():
"""
连接本地数据库系统
连接到 clinical_medical_record_database 数据库
"""
    conn = pymysql.connect ('localhost', user="root", passwd="123456",
                           db="clinical_medical_record_database")
    return conn
```

```
def db_cur(conn):
"""获取数据库游标"""
    cur = conn.cursor()
    return cur
```

此示例代码中，cur = conn. cursor ()语句是为了获取连接数据库的游标，只有拿到数据库的游标才能执行后面对数据库的一系列操作，如添加数据、查询数据等。其中，使用 conn. cursor ()函数创建数据库游标，使用 cur 接收创建的数据库游标，并使用 return cur 返回游标。

### 4.2.3 自动生成插入数据

根据 MySQL 数据库插入数据命令的语法格式，使用 Python 编写相应的自动生成插入数据命令的代码，其中使用到的两个参数为 table（需要插入数据的字符串类型的数据表名称）和 data（需要插入的字典类型的数据），插入数据的 SQL 命令为使用指定表头的方式插入数据的命令，即本书 1. 10. 1 MySQL 数据库数据的增（插入数据）中讲到的插入数据的第二种方法。

Python 自动生成插入数据的 SQL 命令语句的代码示例：

```
def insert_sql(table, data):
    """
    根据插入的数据自动生成 sql
    """
    fields = ''
    values = ''
    for k in data.keys():
        fields = fields + ','+ k
        values = values + ',%('+ k + ')s'
    sql = 'insert into'+ table + '('+ fields[1:] +') values ('+ values
[1:] + ')'
    return sql
```

此代码示例中将自动生成的插入数据的 SQL 命令语句传给参数“sql”，接下来使用相应的命令语句调用此方法后返回“sql”，即是自动生成的 SQL 命令语句。

### 4.2.4 插入数据前统一数据类型

由于每个数据表中的数据都是以行为标准存储的，因此可以在插入数据时选择循环执行插入数据的方法。MySQL 数据库无法识别 pandas 库中的 np. float64 和 np. int64 等数值类型以及“NaN”空值类型，需要编写代码将

np. float64 和 np. int64 等数值类型转换为普通的 float 和 int 数值类型，将“NaN”转换为“None”。由于 Python 执行的 MySQL 插入语句函数 cur. execute ()中的第二个参数可接收元组、字典、列表类型，因此在编写转换代码时需要分别考虑到这三种类型。

将 np. float64 和 np. int64 等数值类型转换为普通 float 和 int 数值类型的代码示例：

```
def escape_params(value):
    def escape_numpy_number(value):
        if isinstance(value, np.float64):
            return float(value)
        if isinstance(value, np.int64):
            return int(value)
        return value

    if isinstance(value, tuple):
        values = []
        for v in value:
            if isinstance(v, str):
                values.append(v)
            else:
                values.append(escape_numpy_number(v))
        return tuple(values)
    elif isinstance(value, dict):
        new_dict = {}
        for k, v in value.items():
            if isinstance(v, str):
                new_dict[k] = v
            else:
                new_dict[k] = escape_numpy_number(v)
        return new_dict
    else:
        if isinstance(value, str):
            return escape_string(value)
        else:
            return escape_numpy_number(value)
```

将空值数据的表达格式“NaN”转换为“None”的代码示例：

```
def parse_nan(data):
    if isinstance(data, dict):
        for key, value in data.items():
            if (isinstance(value, float) or isinstance(value, int)) and
math.isnan(value):
                data[key] = None
    elif isinstance(data, tuple):
        new_data= []
        for value in data:
            if (isinstance(value, float) or isinstance(value, int)) and
math.isnan(value):
                new_data.append(None)
            else:
                new_data.append(value)
        data= tuple(new_data)
    return data
```

### 4.2.5 执行插入数据命令插入数据

4.2.4 中讲到使用 Python 执行的 SQL 命令语句需要调用 cur. execute () 函数，此时需要编写一个执行非查询 SQL 命令语句的代码。如果 args 是列表或元组，则可以将%s 用作查询中的占位符；如果 args 是字典，则可以将% (name) s 用作查询中的占位符。此方法调用了 4.2.4 中的 escape_params (value) 和 parse_nan (data) 方法，Python 操作 MySQL 的插入数据、更新数据以及删除数据功能后需要使用 conn. commit () 函数进行确认、生效操作。在执行完所有操作后，需要使用 conn. close () 关闭数据库连接。

执行非查询 SQL 命令语句代码示例：

```
def execute(sql, data=None):
    """ 执行非查询 sql 语句 """
    conn= db_link()
    try:
        cur= db_cur(conn)
        data= escape_params(data)
        data= parse_nan(data)
        cur.execute(sql, data)
        conn.commit()
    finally:
        conn.close()
```

接着编写执行增加一条数据到数据库的代码。代码中调用了自动生成 SQL 命令语句的方法和执行非查询 SQL 命令语句的方法，代码中的参数为字符串类型的“Table”和字典类型的“data”。本书建立此临床病历数据库使用的主键类型为 UUID，因此在此代码中调用 Python 的 UUID 库，编写 Python 自动生成 UUID 的代码 get_id ()，并将生成的 UUID 一列自动插入数据表格当中。由于后续给需要添加外键的数据表添加外键时要用到关联主表的主键，我们执行get_id () 后返回生成的 UUID，以方便后面插入外键时进行主键的提取：

```
import uuid



def get_id():
    """生成 uuid"""
    return str(uuid.uuid1()).replace('  -'  , '  '  )

    def insert_obj(table, data):
    """ 增加一个对象 """
        id_= get_id()
        data['id'] = id_
        sql= insert_sql(table, data)
        execute(sql, data)
    return id_
```

由于存在关系的数据表中有外键的存在，因此在进行数据的导入前需要根据主表的主键给表格匹配增加相应的外键。我们根据能确定唯一病人信息的表头来查询主表中的主键 id。在这里，我们用到的是 MySQL 中的数据查询方法。在查询数据时，使用 WHERE 条件语句设定查询条件。以向出院信息表中插入外键为例，需要查询病人基本信息表中的主键。经分析可知，对于病人基本信息表，姓名与年龄可以作为确定唯一病人信息的条件，因此我们选择“name”和“age”作为条件参数，执行 select_list () 代码 return 的是 cur. fetchall () 函数，此函数的作用是给出所有的查询记录。

在这里仅讲到使用姓名与年龄作为识别唯一病人的条件，其中有患者病历号的可以直接使用患者病历号作为识别唯一病人的条件，将传入参数修改为患者病历号。以姓名与年龄作为确定唯一病人的条件查询病人 id 的代码示例如下：

```
def select_list(sql, where=None):
    """ 根据条件查询一个列表 """
    conn= db_link()
    try:
        cur= conn.cursor()
        where= escape_params(where)
        cur.execute(sql, where)
        return cur.fetchall()
    finally:
        conn.close()


def find_basic_patient_information(name, age):
    """ 根据姓名与年龄查询病人 id(对于中心医院姓名与年龄可以唯一确定病人信
息) """
    sql= 'select id from basic_patient_information where name=%s and
age=%s'
    where= (name, age)
    result= select_list(sql, where)
    if len(result) == 1:
        return result[0][0]
    elif len(result) == 0:
        return None
    else:
        raise Exception ('central_hospital_dao -> find_basic_patient_in-
                        formation: ''发现了重复的病人', name, age)
```

我们在做此临床病历数据库时设计了 12 个数据表，由于对每个数据表插入数据的方法基本一致，接下来仅以“插入入院信息”和“插入出院信息”为例对此进行说明，代码示例如下：

```
def insert_admission_information (admission_time, conditions, medical_
                                  record_number, admission_diagnosis,
                                  basic_patient_information_id):
    """ 插入入院信息 """
    return insert_obj ('admission_information',
                       {'admission_time': admission_time,
                       'conditions': conditions,
```

```
                    'medical_record_number': medical_record_number,
                    'admission_diagnosis': admission_diagnosis,
                    'basic_patient_information_id':
                       basic_patient_information_id}
                    )


def insert_discharge_information (discharge_date, hospitalization_days,
                                  discharge _ conclusion, admission _ in-
                                  formation_id,outcome):
    """ 插入出院信息 """
    return insert_obj ('discharge_information',
                    {'discharge_date': discharge_date,
                    'hospitalization_days': hospitalization_days,
                    'discharge_conclusion': discharge_conclusion,
                    'admission_information_id': admission_information_id,
                    'outcome': outcome}
                   )
```

我们首先需要调用 Python 的 pandas 库读取出入院诊断表，然后遍历表格当中的每一行，将对应表头的数据信息传递给相应的表头参数，并根据需要对年龄、性别、入院日期、出院日期、住院天数列中的数据统一格式后再迁移出入院诊断，代码示例如下：

```
def migration1():
    """ 迁移出入院诊断 """
    source= '../datas/central_hospital/出入院诊断.xlsx'
    df= pd.read_excel(source, index_col=0)
    for _, row in df.iterrows():
        name= row['姓名']
        medical_record_number= row['病历号']
        age= format_age(row['年龄'])
        sex= format_sex(row['性别'])
        admission_diagnosis= row['入院小结']
        admission_time= format_datetime(row['入院日期'])
        discharge_conclusion= row['出院小结']
        discharge_date= format_datetime(row['出院日期'])
        hospitalization_days= format_day(row['住院天数'])
```

```
        conditions= row['分组状态']
        basic_patient_information_id= find_basic_patient_information
(name, age)

        admission_information_id= \
            insert_admission_information(admission_time,
                                         conditions,
                                         medical_record_number,
                                         admission_diagnosis,
                                         basic_patient_information_id)
        insert_discharge_information(discharge_date,
                                     hospitalization_days,
                                     discharge_conclusion,
                                     admission_information_id)
```

程序执行至此，数据插入完成，在后面需要再次插入数据时则可以根据本次的数据表格式整理好原始数据，直接执行此程序即可。需要注意的是，在插入数据时必须按照开始的数据库 E-R 图中的主附表顺序进行插入，先插入主表才能在插入附表时使用查询语句查询得到主表的主键 id，从而插入外键 id。

## 4.3 临床病历数据库查询举例

在执行数据库信息查询，尤其是需要对较复杂的数据库执行多数据表关联数据查询时，可参考数据库创建时的 E-R 图。这样，我们能清楚地知道数据库中各数据表之间的关系，方便使用 JOIN 语句添加数据表之间的主外键关联。例如，我们想要在武汉中心医院临床病历数据库中执行数据表关联查询语句，可以对比图 3-1 的内容寻找各表格之间的关系，确定好表格之间的主外键连接，从而快速编写 JOIN 语句中的主外键关联语句。本节将展示几个武汉中心医院临床病历数据库查询示例，为了方便读者查阅，本部分的 SQL 查询代码块以美化后的 SQL 语句格式呈现。

### 4.3.1 查询实例一

在本实例中，我们想要查看住院天数大于 50 天的患者的性别和年龄有无相关性或者差异性，首先需要得到患者的性别、年龄和住院天数，此外还需要得到患者的病历号以方便区分每一位患者，同时需要设定条件及住院天数大于 50 天。此时，我们可以直接使用本书建立的武汉中心医院临床病例数据库执行相应的查询命令，完成所需数据的查询和导出。

在本查询实例中，首先将临床病历数据库设置为默认数据库。由图 3-1 可知，患者病历号在入院信息表中，性别、年龄在病人基本信息表中，住院天数在出院信息表中，因此在执行此查询命令时需要将入院信息表、病人基本信息表和出院信息表关联起来，使用 JOIN 语句进行查询。同时由图 3-1 可知，病人基本信息表和入院信息表使用的是病人基本信息表 id 作为外键，入院信息表和出院信息表使用的是入院信息表 id 作为外键，且需要设置查询条件为住院天数大于 50 天，代码示例如下：

```
SELECT
    b.medical_record_number AS '病历号',
    a.sex AS '性别',
    a.age AS '年龄',
    c.hospitalization_days AS '住院天数'
FROM
    basic_patient_information AS a
        JOIN
    admission_information AS b ON a.id = b.basic_patient_information_id
        JOIN
    discharge_information AS c ON c.admission_information_id = b.id
WHERE
    c.hospitalization_days > 50;
```

上述查询代码解析（为方便我们查阅代码，此代码块以美化后的 SQL 语句格式呈现）：

将 basic_patient_information 即病人基本信息表设置别名为 a，将 admission_information 即入院信息表设置别名为 b，将 discharge_information 即出院信息表设置别名为 c，以方便调用表格；查询相应表格中的表头（病历号、性别、年龄、住院天数）并且将 a 表中的 sex 设置别名为性别、age 设置别名为年龄，将 b 表中的 medical_record_number 设置别名为病历号，将 c 表中的 hospitalization_days 设置别名为住院天数，使得查询出的数据导出后更加通俗易懂；同时设置 c 表中的 hospitalization_days 即住院天数大于 50。

执行上述代码得到的查询结果如图 4-16 中红色框中的内容所示。在导入数据时，我们将性别中的“男”转换为 1，“女”转换为 0，因此性别一列显示的是数字 1 和 0。此时可点击图 4-16 中绿色圆框中的按钮导出查询结果。

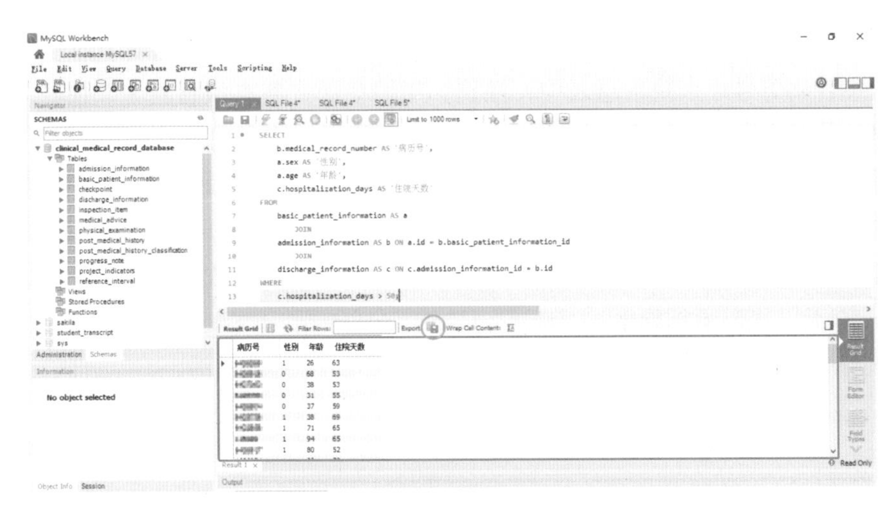


图 4-16　查询实例一的查询结果

### 4.3.2　查询实例二

在本实例中，我们想要研究患者的性别、年龄、营养状况、消化系统症状之间是否存在某些相关性和差异性，此时就需要查询患者的性别、年龄、营养状况和消化系统症状，同时需要查询患者的病历号以方便区分每一位患者。为了方便将查询得到的数据直接导入统计软件（如 SPSS）进行统计分析，需要将查询结果中的定性数据转换为定量数据。例如，将性别中的“男”转换为 1，“女”转换为 2；将营养状况描述为“良好”的转换为 1，不是“良好”即“其他”的转换为 2；将消化系统症状描述为“无”的转换为 0，描述不是“无”即“其他”的转换为 1。

由于此处需要将定性数据转换为定量数据，因此在查询时要使用 MySQL 中的 IF 函数，即判断函数。IF 函数可以结合文字、变量、运算符等，组成 MySQL 查询中的 IF 表达式，结果返回的是 TRUE，FALSE 或 NULL。MySQL 中 IF 函数的语法格式如下：

```
If(判断条件, value1, value2)
```

其中，判断条件为判断表达式，当符合判断表达式时返回 value1 的值，当不符合判断表达式时返回 value2 的值。并且，IF 函数需要搭配 SELECT 查询语句使用。我们可以使用本书建立的武汉中心医院临床病例数据库执行相应的查询命令，联合 IF 函数添加判断条件，完成所需数据的查询和导出。

我们在查询患者的性别、年龄、营养状况、消化系统症状时，首先要将临床病历数据库设置为默认数据库。由图 3-1 可知，患者病历号在入院信息表中，性别、年龄在病人基本信息表中。营养状况为检查项目中的项目，因此在检查部位表中，消化系统症状为既往史分类中的项目，因此在既往史分类表中。其中，检查部位表需要关联体格检查表、再关联入院信息表，既往史分类表则需要关联既往史表、再关联入院信息表。因此，我们在执行此查询操作时需要使用 LEFT JOIN 语句将入院信息表、病人基本信息表、体格检查表、检查部位表、既往史表、既往史分类表根据一定的条件关联起来。

由图 3-1 可知，病人基本信息表和入院信息表使用的是病人基本信息表 id 作为外键，入院信息表和体格检查表使用的是入院信息表 id 作为外键，体格检查表和检查部位表使用的是体格检查表 id 作为外键，入院信息表和既往史表使用的是入院信息表 id 作为外键，既往史表和既往史分类表使用的是既往史表 id 作为外键。我们设置 IF 函数时，要将营养状况描述为“良好”的转换为 1，不是“良好”即“其他”的转换为 2；将消化系统症状描述为“无”的转换为 0，描述不是“无”即“其他”的转换为 1。代码示例如下：

```
SELECT
    b.medical_record_number AS '病历号',
    a.sex AS '性别(男=1,女=0)',
    a.age AS '年龄',
    IF(c.inspection_result = '良好', 1, 2) AS '营养状况(良好=1,其他=2)',
    IF(d.description != '无', 1, 0) AS '消化系统症状(无=0,其他=1)'
FROM
    basic_patient_information AS a
        LEFT JOIN
    admission_information AS b ON a.id = b.basic_patient_information_id
        LEFT JOIN
    physical_examination AS cc ON b.id = cc.admission_information_id
        LEFT JOIN
    checkpoint AS c ON cc.id = c.physical_examination_id
        LEFT JOIN
    post_medical_history AS dd ON b.id = dd.admission_information_id
        LEFT JOIN
    post_medical_history_classification AS d ON dd.id = d.post_medical_
history_id
WHERE
    c.check_item = '营养'
        AND d.project = '消化系统症状';
```

上述查询代码解析（为方便我们查阅代码，此代码块以美化后的 SQL 语句格式呈现）：

将 basic_patient_information 即病人基本信息表设置别名为 a，将 admission_information 即入院信息表设置别名为 b，将 physical_examination 即体格检查表设置别名为 cc，将 checkpoint 即检查部位表设置别名为 c，将 post_medical_history 即既往史表设置别名为 dd，将 post_medical_history_classification 即既往史分类表设置别名为 d，以方便调用表格查询相应表格中的表头（病历号、性别、年龄、住院天数）；并且将 a 表中的 sex 设置别名为性别（男=1，女=0）、age 设置别名为年龄，将 b 表中的 medical_record_number 设置别名为病历号，使用 IF 函数判断 c 表中的 inspection_result 是否符合转换条件并设置别名为营养状况（良好=1，其他=2），使用 IF 函数判断 d 表中的 description 是否符合转换条件并设置别名为消化系统症状（无=0，其他=1）。

执行上述代码得到的查询结果如图 4-17 中红色框中的内容所示。在导入数据时，我们将性别中的“男”转换为 1，“女”转换为 0，因此性别查询并不需要添加 IF 函数做判断。此时可点击图 4-17 中绿色圆框中的按钮导出查询结果。

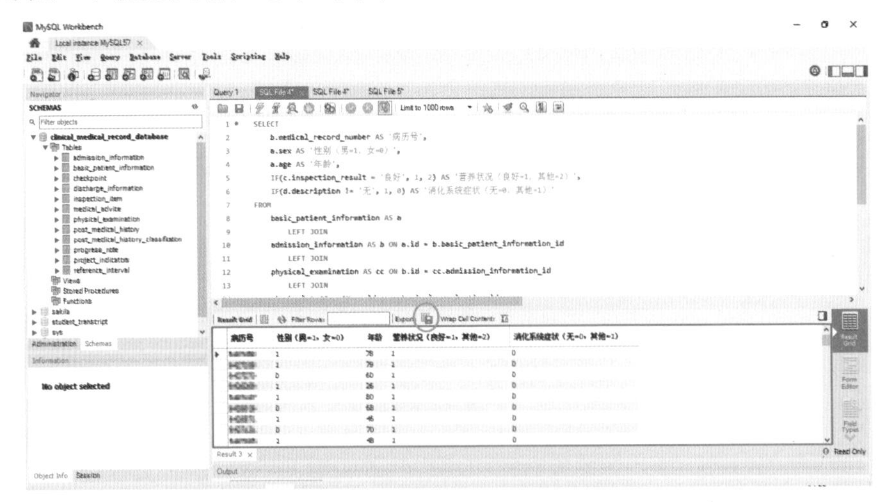


图 4-17　查询实例二的查询结果

### 4.3.3　查询实例三

在本实例中，我们想查询所有患者的既往史，从中得到患者是否有各种不同系统症状。此外，我们还想查询这些患者的性别和年龄以及对应的护理等级，进而分析患者的性别、年龄、护理等级与患者的既往不同系统症状之间的相关性或差异性。不同系统症状包括呼吸系统症状、循环系统症状、消化系统症状、泌尿系统症状、血液系统症状、内分泌代谢症状、神经精神症状和生殖系统症状。同时需要查询患者的病历号以方便区分每一位患者。为了方便将查询得到的数据直接导入统计软件（如 SPSS）进行统计分析，需要将查询结果中的定性数据转换为定量数据。例如，将系统症状描述中的“无”转换为 0，描述不是“无”的转换为 1，将表头修改成相应的系统症状名称，并添加定性转定量的规则描述。

由于此处需要将定性数据转换为定量数据，因此在查询时要使用 MySQL 中的 IF 函数。此处查询的护理等级中关于“Ⅰ级护理”的描述还有一部分为“一级护理”，因此使用 IF 函数进行判断，将描述形式统一转换为“Ⅰ级护理”。如我们需要得到既往史分类表中项目表头下各个系统症状的描述，并且将其排成一行表头，而 MySQL 直接查询出的数据为一列，则需要用到 MySQL 数据库查询中的列转行的查询手段，即子查询。

首先，将临床病历数据库设置为默认数据库。由图 3-1 可知，患者病历号在入院信息表中，性别、年龄在病人基本信息表中。护理等级为医嘱，因此在医嘱表中，各个系统症状为既往史分类项目，因此在既往史分类表中。其中，既往史分类表需要关联既往史表、再关联入院信息表，因此，我们在执行此查询操作时需要将入院信息表、病人基本信息表、医嘱表、既往史表、既往史分类表依据一定的条件关联起来；同时，在开始的数据导入工作中将护理等级的描述形式统一为“Ⅰ级护理”。各个系统症状中有空值数据存在，可能是患者在入院录入原始病历时没有录入所有的既往史造成的，因此代码中要编写筛选条件，将空值数据过滤掉。代码示例如下：

```
SELECT
    a.medical_record_number AS '病历号',
    c.sex AS '性别(男=1,女=0)',
    c.age AS '年龄',
    IF(d.medical_order_content = '一级护理',
        'Ⅰ级护理',
        d.medical_order_content) AS '护理等级',
    IF((SELECT
                description
            FROM
                post_medical_history_classification AS b
                    JOIN
                post_medical_history AS bb ON bb.id = b.post_medical_his-
tory_id
```

```
          WHERE
              a.id = bb.admission_information_id
                  AND b.project = '呼吸系统症状'
          GROUP BY b.project) != '无',
      1,
      0) AS '呼吸系统症状(无=0,有=1)',
  IF((SELECT
              description
          FROM
              post_medical_history_classification AS b
                  JOIN
              post_medical_history AS bb ON bb.id = b.post_medical_his-
tory_id
          WHERE
              a.id = bb.admission_information_id
                  AND b.project = '循环系统症状'
          GROUP BY b.project) != '无',
      1,
      0) AS '循环系统症状(无=0,有=1)',
  IF((SELECT
              description
          FROM
              post_medical_history_classification AS b
                  JOIN
              post_medical_history AS bb ON bb.id = b.post_medical_his-
tory_id
          WHERE
              a.id = bb.admission_information_id
                  AND b.project = '消化系统症状'
          GROUP BY b.project) != '无',
      1,
      0) AS '消化系统症状(无=0,有=1)',
  IF((SELECT
              description
          FROM
              post_medical_history_classification AS b
                  JOIN
```

```
                post_medical_history AS bb ON bb.id = b.post_medical_his-
tory_id
            WHERE
                a.id = bb.admission_information_id
                    AND b.project = '泌尿系统症状'
            GROUP BY b.project) != '无',
        1,
        0) AS '泌尿系统症状(无=0,有=1)',
    IF((SELECT
                description
            FROM
                post_medical_history_classification AS b
                    JOIN
                post_medical_history AS bb ON bb.id = b.post_medical_his-
tory_id
            WHERE
                a.id = bb.admission_information_id
                    AND b.project = '血液系统症状'
            GROUP BY b.project) != '无',
        1,
        0) AS '血液系统症状(无=0,有=1)',
    IF((SELECT
                description
            FROM
                post_medical_history_classification AS b
                    JOIN
                post_medical_history AS bb ON bb.id = b.post_medical_his-
tory_id
            WHERE
                a.id = bb.admission_information_id
                    AND b.project = '内分泌代谢症状'
            GROUP BY b.project) != '无',
        1,
        0) AS '内分泌代谢症状(无=0,有=1)',
    IF((SELECT
                description
            FROM
                post_medical_history_classification AS b
```

```
                JOIN
            post_medical_history AS bb ON bb.id = b.post_medical_his-
tory_id
        WHERE
            a.id = bb.admission_information_id
                AND b.project = '神经精神症状'
        GROUP BY b.project) != '无',
    1,
    0) AS '神经精神症状(无=0,有=1)',
  IF((SELECT
            description
        FROM
            post_medical_history_classification AS b
                JOIN
            post_medical_history AS bb ON bb.id = b.post_medical_his-
tory_id
        WHERE
            a.id = bb.admission_information_id
                AND b.project = '生殖系统症状'
        GROUP BY b.project) != '无',
    1,
    0) AS '生殖系统症状(无=0,有=1)'
FROM
  admission_information AS a
      LEFT JOIN
  basic_patient_information AS c ON c.id = a.basic_patient_
information_id
      LEFT JOIN
  medical_advice AS d ON a.id = d.admission_information_id
WHERE
  d.medical_order_content LIKE '_级护理'
      AND (SELECT
          description
      FROM
          post_medical_history_classification AS b
              JOIN
          post_medical_history AS bb ON bb.id = b.post_medical_history_id
```

```
        WHERE
            a.id = bb.admission_information_id
                AND b.project = '呼吸系统症状'
        GROUP BY b.project) IS NOT NULL
GROUP BY d.admission_information_id;
```

上述查询代码解析（为方便我们查阅代码，此代码块以美化后的 SQL 语句格式呈现）：

代码中共包含 8 个子查询，并且每个子查询都使用了 IF 函数，执行定性数据转换为定量数据的操作，而后又使用了 WHERE 条件语句限定条件过滤查询结果中的空值数据。在父查询中，将 admission_information 即入院信息表设置别名为 a，将 basic_patient_information 即病人基本信息表设置别名为 c，将 medical_advice 即医嘱表设置别名为 d，并使用 LEFT JOIN 语句将数据表进行两两联合查询，同时使用 IF 函数判断 d 表中的数据进行格式不统一的转换，设置 WHERE 条件语句，过滤查询结果中的空值数据；并且将 c 表中的 sex 设置别名为性别（男 = 1，女 = 0）、age 设置别名为年龄，将 a 表中的 medical_record_number 设置别名为病历号，使用 IF 函数判断子查询结果各系统症状的描述是否符合转换条件，并设置别名，同时在别名设置中加入“（无=0，有=1）”的描述，以方便我们阅读和理解导出的查询结果。

在子查询中，每个子查询的格式是一致的，统一为将 post_medical_history_classification 即既往史分类表设置别名为 b，将 post_medical_history 即既往史表设置别名为 bb，并使用 JOIN 语句将两个数据表进行联合查询，同时设置表格的主外键连接条件和相应的限定条件（各个系统症状），同时由于查询结果中子查询的行数超过一行，因此使用 GROUP BY 函数对子查询结果进行单条限定。

执行上述代码得到的查询结果如图 4-18 中红色框中的内容所示，在导入数据时我们将性别中的“男”转换为 1，“女”转换为 0，因此性别查询并不需要添加 IF 函数做判断。此时可点击图 4-18 中绿色圆框中的按钮导出查询结果。

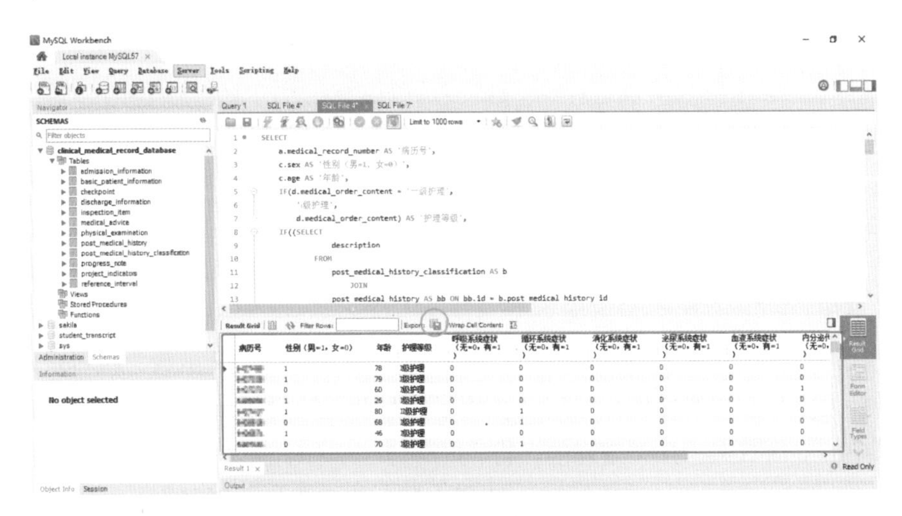

图 4-18　查询实例三的查询结果

### 4.3.4　查询实例四

在本实例中，我们想要查询所有患者的检验项目，从中得到患者第一次进行淋巴细胞亚群分析（TBNK）所有检验指标的数值，同时查询这些患者的性别、年龄、体格检查时的体温以及护理等级，通过分析找出患者的性别、年龄、体温、护理等级和第一次进行淋巴细胞亚群分析（TBNK）得到的各检验指标之间的相关性或差异性，并根据性别、年龄、体温、护理等级分组分析各组间淋巴细胞亚群分析（TBNK）各检验指标的差异性。淋巴细胞亚群分析（TBNK）的检验指标包括 CD19+细胞占淋巴细胞、CD3-CD16+CD56+细胞占淋巴细胞、CD3+细胞占淋巴细胞、CD4+细胞占淋巴细胞、CD8+细胞占淋巴细胞、CD4/CD8。同时需要查询患者的病历号以方便区分每一位患者。此处查询的护理等级中关于"Ⅰ级护理"的描述还有一部分为"一级护理"，因此使用 IF 函数进行判断，将描述形式统一转换为"Ⅰ级护理"。查询结果需要将淋巴细胞亚群分析（TBNK）各检验指标排成一行表头，而 MySQL 直接查询出的数据为一列，因此要用到 MySQL 数据库查询中列转行的查询手段，即要用到子查询。此外，还需要查询所有患者进行第一次淋巴细胞亚群分析（TBNK）得到的各检验指标，因此使用 GROUP BY 函数对结果进行筛选，仅保留第一次数据。

首先，将临床病历数据库设置为默认数据库。由图 3-1 可知，患者病历号在入院信息表中，性别、年龄在病人基本信息表中。护理等级在医嘱表中，淋巴细胞亚群分析（TBNK）的各检验指标为检验项目指标，因此在项目指标表中。其中，项目指标表需要关联检验项目表、再关联入院信息表，因此在编写代码时需要将入院信息表、病人基本信息表、医嘱表、检验项目表、项目指标表根据一定的条件使用主外键关联起来；同时，在开始的数据导入工作中将护理等级的描述形式统一为“Ⅰ级护理”。为了过滤掉可能出现的淋巴细胞亚群分析（TBNK）各检验指标与体温中的空值数据，需要在代码中编写筛选条件，将其过滤掉。代码示例如下：

```
SELECT
    a.medical_record_number AS '病历号',
    b.sex AS '性别(男=1,女=0)',
    b.age AS '年龄',
    IF(d.medical_order_content = '一级护理',
        'Ⅰ级护理',
        d.medical_order_content) AS '护理等级',
    (SELECT
            e.inspection_result
        FROM
            checkpoint AS e
                LEFT JOIN
            physical_examination AS ee ON ee.id = e.physical_examination_id
        WHERE
            a.id = ee.admission_information_id
                AND e.check_item = '体温'
        GROUP BY e.check_item) AS '体温',
    (SELECT
            c.digital_index_value
        FROM
            project_indicators AS c
                LEFT JOIN
            inspection_item AS cc ON cc.id = c.inspection_item_id
        WHERE
            a.id = cc.admission_information_id
                AND c.name = 'CD19+细胞占淋巴细胞'
        GROUP BY c.name) AS 'CD19+细胞占淋巴细胞',
    (SELECT
            c.digital_index_value
        FROM
            project_indicators AS c
```

```
            LEFT JOIN
        inspection_item AS cc ON cc.id = c.inspection_item_id
    WHERE
        a.id = cc.admission_information_id
            AND c.name = 'CD3-CD16+CD56+细胞占淋巴细胞'
    GROUP BY c.name) AS 'CD3-CD16+CD56+细胞占淋巴细胞',
(SELECT
        c.digital_index_value
    FROM
        project_indicators AS c
            LEFT JOIN
        inspection_item AS cc ON cc.id = c.inspection_item_id
    WHERE
        a.id = cc.admission_information_id
            AND c.name = 'CD3+细胞占淋巴细胞'
    GROUP BY c.name) AS 'CD3+细胞占淋巴细胞',
(SELECT
        c.digital_index_value
    FROM
        project_indicators AS c
            LEFT JOIN
        inspection_item AS cc ON cc.id = c.inspection_item_id
    WHERE
        a.id = cc.admission_information_id
            AND c.name = 'CD4+细胞占淋巴细胞'
    GROUP BY c.name) AS 'CD4+细胞占淋巴细胞',
(SELECT
        c.digital_index_value
    FROM
        project_indicators AS c
            LEFT JOIN
        inspection_item AS cc ON cc.id = c.inspection_item_id
    WHERE
        a.id = cc.admission_information_id
            AND c.name = 'CD8+细胞占淋巴细胞'
    GROUP BY c.name) AS 'CD8+细胞占淋巴细胞',
(SELECT
        c.digital_index_value
```

```
        FROM
            project_indicators AS c
                LEFT JOIN
            inspection_item AS cc ON cc.id = c.inspection_item_id
        WHERE
            a.id = cc.admission_information_id
                AND c.name = 'CD4/CD8'
        GROUP BY c.name) AS 'CD4/CD8'
FROM
    admission_information AS a
        LEFT JOIN
    basic_patient_information AS b ON b.id = a.basic_patient_information_id
        LEFT JOIN
    medical_advice AS d ON a.id = d.admission_information_id
WHERE
    d.medical_order_content LIKE '_级护理'
        AND (SELECT
            c.digital_index_value
        FROM
            project_indicators AS c
                LEFT JOIN
            inspection_item AS cc ON cc.id = c.inspection_item_id
        WHERE
            a.id = cc.admission_information_id
                AND c.name = 'CD19+细胞占淋巴细胞'
        GROUP BY c.name) IS NOT NULL
        AND (SELECT
            e.inspection_result
        FROM
            checkpoint AS e
                LEFT JOIN
            physical_examination AS ee ON ee.id = e.physical_examination_id
        WHERE
            a.id = ee.admission_information_id
                AND e.check_item = '体温'
        GROUP BY e.check_item) IS NOT NULL
GROUP BY d.admission_information_id;
```

上述查询代码解析（为方便我们查阅代码，此代码块以美化后的 SQL 语句格式呈现）：

代码中共包含 7 个子查询，第一个子查询使用 IF 函数判断数据格式并统一查询护理等级，后面的 6 个子查询分别查询淋巴细胞亚群分析（TBNK）的各检验指标，而后又使用了 WHERE 条件语句限定条件过滤查询结果中的空值数据。在父查询中，将 admission_information 即入院信息表设置别名为 a，将 basic _patient_information 即病人基本信息表设置别名为 c，将 medical_advice 即医嘱表设置别名为 d，并使用 LEFT JOIN 语句将数据表进行两两联合查询，同时使用 IF 函数判断 d 表中格式不统一的数据并转换为统一格式，设置 WHERE 条件语句过滤查询结果中的空值数据；并且将 c 表中的 sex 设置别名为性别（男 = 1，女 = 0）、age 设置别名为年龄，将 a 表中的 medical_record_number 设置别名为病历号，将 d 表中的 check _ item 设置别名为体温，将每个淋巴细胞亚群分析（TBNK）的检验指标设置别名为对应的中文。

在子查询中，由于需要使用中间的表格关联两头的表格，因此每个子查询的格式是基本一致的。在体温查询中将 checkpoint 即检查部位表设置别名为 e，将 physical_examination 即体格检查表设置别名为 ee，使用 JOIN 语句设置表格的主外键连接条件，将两个数据表进行联合查询；在淋巴细胞亚群分析（TBNK）的各检验指标的查询中将 project_indicators 即项目指标表设置别名为 c，将 inspection_item 即检验项目表设置别名为 cc，并使用 JOIN 语句将两个数据表进行联合查询，同时设置表格的主外键连接条件和相应的限定条件（各个检验指标名称），并使用 GROUP BY 函数对子查询结果进行单条限定，仅保留查询出数据的第一条。

执行上述代码得到的查询结果如图 4-19 中红色框中的内容所示，在导入数据时我们将性别中的“男”转换为 1，“女”转换为 0，因此性别查询并不需要添加 IF 函数做判断。此时可点击图 4-19 中绿色圆框中的按钮导出查询结果。

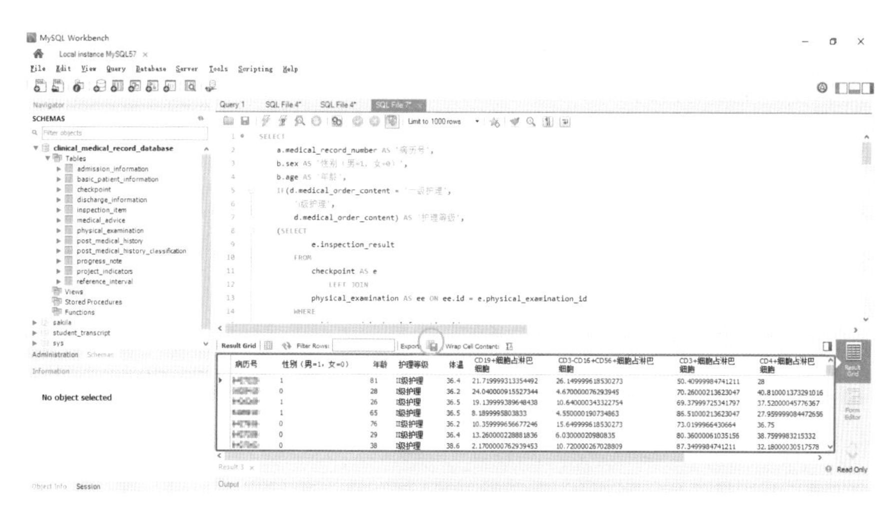

图 4-19　查询实例四的查询结果

## 4.4　临床病历数据库备份与恢复示例

### 4.4.1　临床病历数据库备份

创建的数据库中包含了大量临床患者的原始病历信息，为了保证这些信息的安全，数据库创建完成后需要将数据库框架以及数据库中的数据进行一次完整备份。下面将介绍使用 2.3.1 中的方法对武汉中心医院临床病历数据库进行备份的可视化操作。

首先，打开 MySQL workbench 进入数据库实例，点击窗口左侧的“Administration”按钮进入管理列表，再点击列表中的“Data Export”按钮进入数据库导出界面（图 4-20）。在“Tables to Export”选项中勾选需要导出的 clinical_medical_record_database（即武汉中心医院临床病历数据库），选择“Export to Self-Contained File”（即导出为独立文件后选择导出路径），勾选“Create Dump in a Single Transaction（self-contained file only）”和“Include Create Schema”（即单事务转存和包含数据库建设命令）两个选项后点击【Start Export】（图 4-21），等待进度条完成，数据库导出备份完成（图 4-22）。数据库导出备份文件如图 4-23 所示。

注意，此处操作在导出之前勾选了单事务转存和包含数据库创建命令两项，这样导出的数据库备份文件在下次恢复数据库时直接导入即可完成。

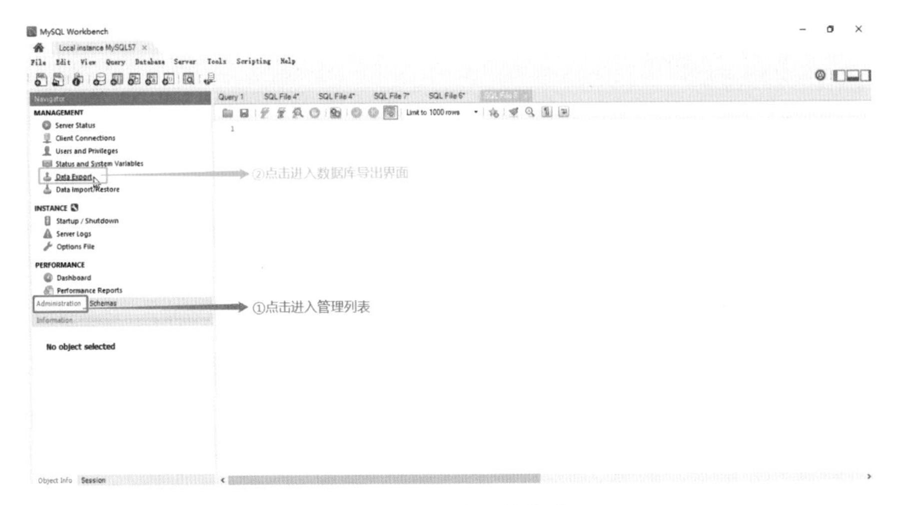


图 4-20　数据库导出备份 1

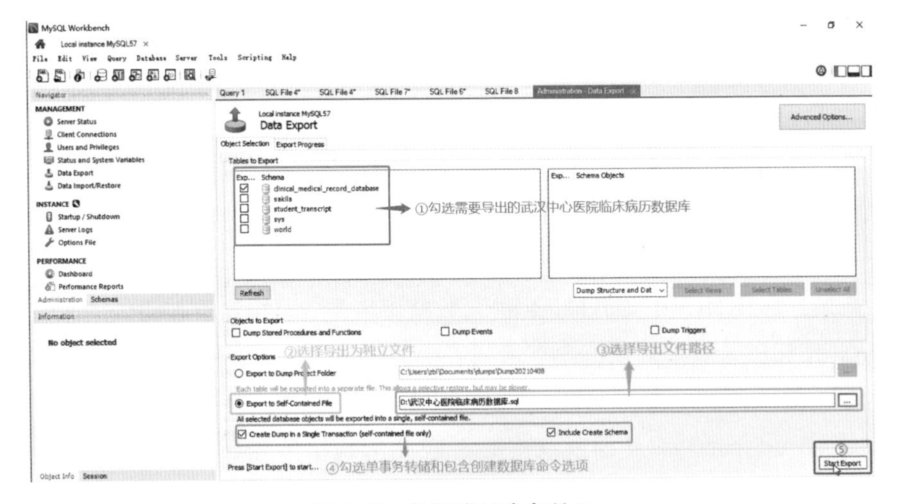


图 4-21　数据库导出备份 2

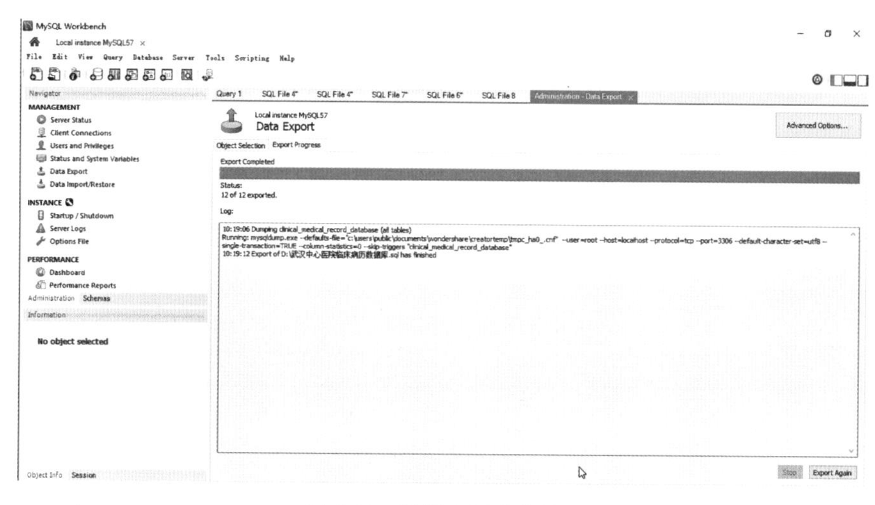


**图 4-22　数据库导出备份 3**

武汉中心医院临床病历数据库.sql　　2021/4/8 10:19　　SQL Text File　　97,589 KB

**图 4-23　数据库备份文件**

### 4.4.2　临床病历数据库恢复

恢复数据库，首先使用 2.1.2 中数据库删除操作将 clinical_medical_record _ database（即武汉中心医院临床病历数据库）删除以模拟数据丢失情况，而后使用 2.3.2 中的方法将 clinical_medical_record_database 恢复到数据库中。

首先，打开 MySQL workbench 进入数据库实例，点击窗口左侧的“Administration”按钮进入管理列表，再点击列表中的“Data Import/Restore”按钮进入数据库导入/恢复界面（图 4-24），点击选择“Import from Self-Contained File”（即导入独立文件）选项，打开文件保存路径并选择数据库备份文件，然后直接点击【Start Import】开始导入（图 4-25），等待进度条完成，数据库导入恢复完成（图 4-26）。注意，此处操作在导入恢复之前需要选择包含创建数据库命令的数据库备份单文件，因此建议在进行数据库备份时一定要勾选包含数据库创建命令选项。

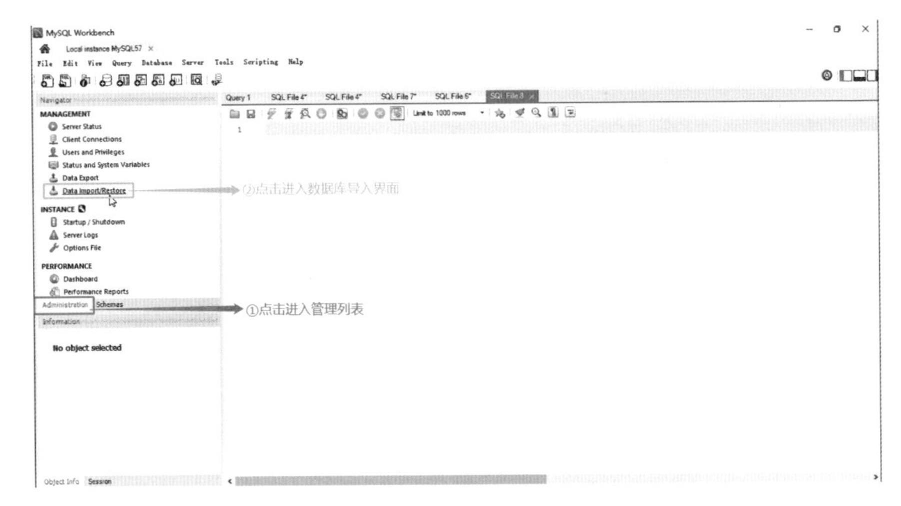


图 4-24 数据库导入恢复 1

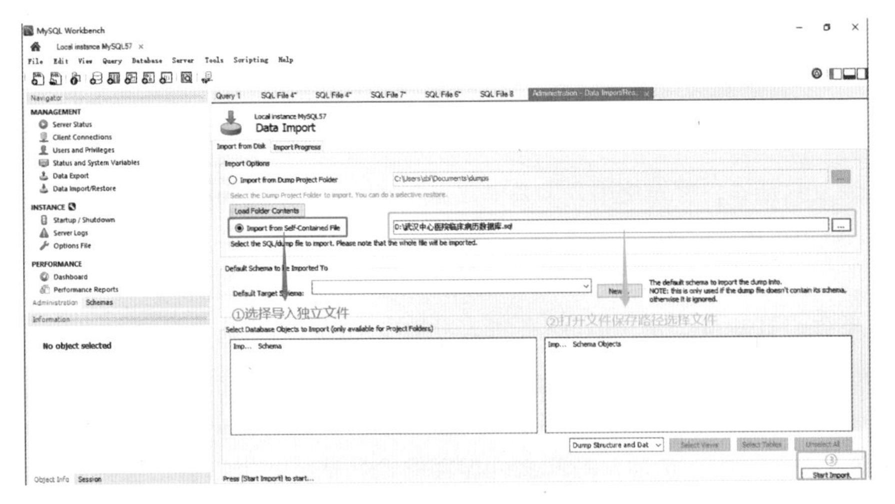


图 4-25 数据库导入恢复 2

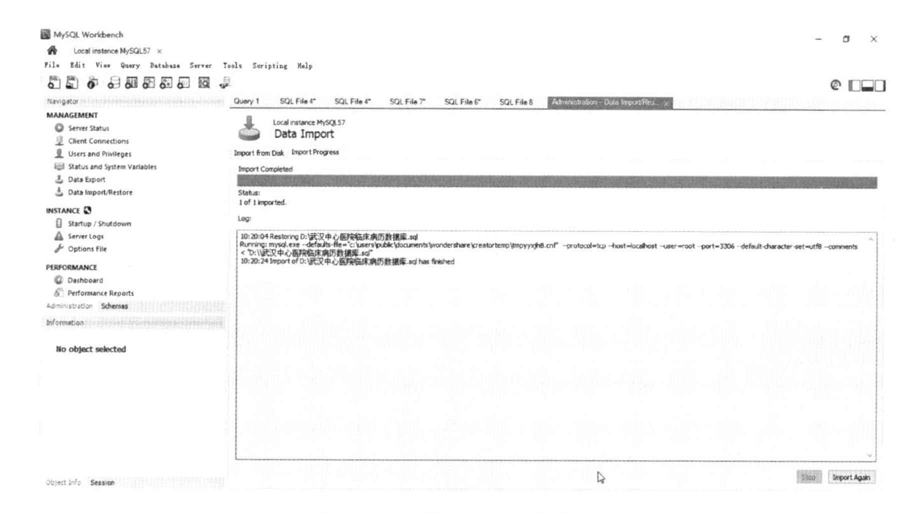


**图 4-26　数据库导入恢复 3**

# 附录　MySQL 关键字

| ADD | ALL | ALTER |
| --- | --- | --- |
| ANALYZE | AND | AS |
| ASC | ASENSITIVE | BEFORE |
| BETWEEN | BIGINT | BINARY |
| BLOB | BOTH | BY |
| CALL | CASCADE | CASE |
| CHANGE | CHAR | CHARACTER |
| CHECK | COLLATE | COLUMN |
| CONDITION | CONNECTION | CONSTRAINT |
| CONTINUE | CONVERT | CREATE |
| CROSS | CURRENT_DATE | CURRENT_TIME |
| CURRENT_TIMESTAMP | CURRENT_USER | CURSOR |
| DATABASE | DATABASES | DAY_HOUR |
| DAY_MICROSECOND | DAY_MINUTE | DAY_SECOND |
| DEC | DECIMAL | DECLARE |
| DEFAULT | DELAYED | DELETE |
| DESC | DESCRIBE | DETERMINISTIC |
| DISTINCT | DISTINCTROW | DIV |
| DOUBLE | DROP | DUAL |
| EACH | ELSE | ELSEIF |
| ENCLOSED | ESCAPED | EXISTS |
| EXIT | EXPLAIN | FALSE |
| FETCH | FLOAT | FLOAT4 |
| FLOAT8 | FOR | FORCE |
| FOREIGN | FROM | FULLTEXT |
| GOTO | GRANT | GROUP |
| HAVING | HIGH_PRIORITY | HOUR_MICROSECOND |
| HOUR_MINUTE | HOUR_SECOND | IF |
| IGNORE | IN | INDEX |
| INFILE | INNER | INOUT |

| INSENSITIVE | INSERT | INT |
|---|---|---|
| INT1 | INT2 | INT3 |
| INT4 | INT8 | INTEGER |
| INTERVAL | INTO | IS |
| ITERATE | JOIN | KEY |
| KEYS | KILL | LABEL |
| LEADING | LEAVE | LEFT |
| LIKE | LIMIT | LINEAR |
| LINES | LOAD | LOCALTIME |
| LOCALTIMESTAMP | LOCK | LONG |
| LONGBLOB | LONGTEXT | LOOP |
| LOW_PRIORITY | MATCH | MEDIUMBLOB |
| MEDIUMINT | MEDIUMTEXT | MIDDLEINT |
| MINUTE_MICROSECOND | MINUTE_SECOND | MOD |
| MODIFIES | NATURAL | NOT |
| NO_WRITE_TO_BINLOG | NULL | NUMERIC |
| ON | OPTIMIZE | OPTION |
| OPTIONALLY | OR | ORDER |
| OUT | OUTER | OUTFILE |
| PRECISION | PRIMARY | PROCEDURE |
| PURGE | RAID0 | RANGE |
| READ | READS | REAL |
| REFERENCES | REGEXP | RELEASE |
| RENAME | REPEAT | REPLACE |
| REQUIRE | RESTRICT | RETURN |
| REVOKE | RIGHT | RLIKE |
| SCHEMA | SCHEMAS | SECOND_MICROSECOND |
| SELECT | SENSITIVE | SEPARATOR |
| SET | SHOW | SMALLINT |
| SPATIAL | SPECIFIC | SQL |
| SQLEXCEPTION | SQLSTATE | SQLWARNING |
| SQL_BIG_RESULT | SQL_CALC_FOUND_ROWS | SQL_SMALL_RESULT |
| SSL | STARTING | STRAIGHT_JOIN |
| TABLE | TERMINATED | THEN |
| TINYBLOB | TINYINT | TINYTEXT |
| TO | TRAILING | TRIGGER |

| TRUE | UNDO | UNION |
| --- | --- | --- |
| UNIQUE | UNLOCK | UNSIGNED |
| UPDATE | USAGE | USE |
| USING | UTC_DATE | UTC_TIME |
| UTC_TIMESTAMP | VALUES | VARBINARY |
| VARCHAR | VARCHARACTER | VARYING |
| WHEN | WHERE | WHILE |
| WITH | WRITE | X509 |
| XOR | YEAR_MONTH | ZEROFILL |

# 参考文献


Ben Forta. MySQL 必知必会 [M]. 刘晓霞，钟鸣，译. 北京：人民邮电出版社，2009.

王英英. MySQL 8 从入门到精通：视频教学版 [M]. 北京：清华大学出版社，2019.

Baron Schwartz, Peter Zaitsev, Vadim Tkachenko. 高性能 MySQL [M]. 3 版. 宁海元，周振兴，彭立勋，等译. 北京：电子工业出版社，2013.

乔溪莹. 基于 MySQL 数据库的妇科专家周玉玫治疗不孕症用药规律探讨 [D]. 北京：北京中医药大学，2015.

李立甲. 利用 MYSQL 数据库探讨相关眼底病方证沿革规律的研究 [D]. 北京：北京中医药大学，2012.

周殷杰. 基于结构化电子病历的食管癌科研数据库的构建与临床应用 [D]. 南宁：广西医科大学，2016.

于洋. 肝癌中医临床信息数据库系统的构建及应用 [D]. 上海：第二军医大学，2009.

菜鸟教程. MySQL 教程 [EB/OL]. [2021-04-14]. https://www.runoob.com/mysql/mysql-tutorial.html.

C 语言中文网. MySQL 教程：MySQL 数据库学习宝典（从入门到精通） [EB/OL]. [2021-04-14]. http://c.biancheng.net/mysql/.

C 语言中文网. MySQL DTAETIME、TIMESTAMP、DATE、TIME、YEAR（日期和时间类型） [EB/OL]. [2021-03-25]. http://c.biancheng.net/view/2425.html.

C 语言中文网. MySQL LIKE：模糊查询 [EB/OL]. [2021-03-25]. http://c.biancheng.net/view/7395.html.

C 语言中文网. MySQL REGEXP：正则表达式 [EB/OL]. [2021-03-28]. http://c.biancheng.net/view/7511.html.